玉米秸秆还田

耕前撒施有机肥

旋耕镇压

播种镇压

镇压麦田　　未镇压麦田

镇压田麦苗　　未镇压田麦苗

早春镇压控旺

雾管灌溉

正常氮量麦株与缺氮麦苗对比

正常磷量麦株与缺磷麦株对比

正常钾量麦株与缺钾麦株对比

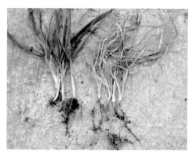

正常播深麦苗与深播弱苗
受冻程度对比

不同品种冬季受冻程度对比

受冻麦田施药补救

春季幼穗受冻症状

倒春寒造成麦穗部分不结实

上茬玉米除草剂残留致小麦点片黄苗

孕穗期高剂量施用阔叶除草剂
造成幼穗坏死

施用高浓度激素类除草剂造成
小麦心叶卷缩畸形

唑草酮药害症状

小麦后期倒伏

小麦灌浆初期施用高浓度农药
致籽粒灌浆终止

猪秧秧

播娘蒿

婆婆纳

宝盖草

荠菜

麦家公

刺儿菜

猫儿眼

米瓦罐

野燕麦

早熟禾

节节麦

蛴螬危害造成麦苗枯死

铜绿金龟甲

叩头虫（成虫）

金针虫危害小麦茎基部

蝼蛄成虫

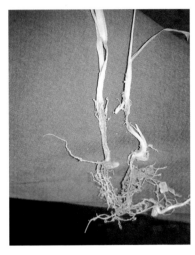

蝼蛄危害麦苗状

小麦黑潜叶蝇幼虫及危害状

小麦黑潜叶蝇

麦蜘蛛危害麦苗状

麦长管蚜吸食麦穗

小麦红吸浆虫（成虫）

位于籽粒外、颖壳内的吸浆虫幼虫

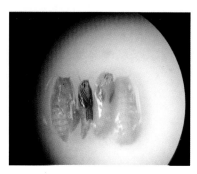

小麦吸浆虫蛹

黑金龟甲（成虫）、卵及蛴螬（幼虫）

小麦黏虫大田危害状

梭条斑花叶病大田发病状

梭条斑花叶病症状

小麦胞囊线虫病田间发病状

寄生在根系上的白色胞囊

小麦条锈病

小麦叶锈病

小麦叶枯病

小麦纹枯病病株与健株对比

小麦赤霉病发病小穗

小麦根腐病苗期症状

小麦根腐病后期症状

小麦全蚀病健株与病株对比

小麦全蚀病大田发病状

禾谷溢管蚜食麦茎叶

玉米除草剂残留要害

小麦吸浆虫

小麦赤霉病病粒和健粒比较

健粒与吸浆虫危害粒

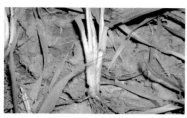

纹枯病

玉米秆上赤霉病菌子囊壳

纹枯病大田枯白穗

铁苋菜

全田发病　　　发病中心

新型职业农民培育教材

小麦高产栽培技术问答

童玉体 冯长友 吴和平 主编

中国农业科学技术出版社

图书在版编目（CIP）数据

小麦高产栽培技术问答／童玉体，冯长友，吴和平主编.—北京：中国农业科学技术出版社，2015.10

ISBN 978 - 7 - 5116 - 2322 - 5

Ⅰ.①小… Ⅱ.①童…②冯…③吴… Ⅲ.①小麦 - 高产栽培 - 栽培技术 - 问题解答 Ⅳ.①S512.1 - 44

中国版本图书馆 CIP 数据核字（2015）第 249776 号

责任编辑	王更新
责任校对	贾海霞

出 版 者	中国农业科学技术出版社
	北京市中关村南大街 12 号　邮编：100081
电　　话	（010）82106639（编辑室）　（010）82109702（发行部）
	（010）82109703（读者服务部）
传　　真	（010）82107637
网　　址	http://www.castp.cn
经 销 者	各地新华书店
印 刷 者	北京富泰印刷有限责任公司
开　　本	850mm×1 168mm　1/32
印　　张	6.75　彩插　12 面
字　　数	170 千字
版　　次	2015 年 10 月第 1 版　2015 年 10 月第 1 次印刷
定　　价	22.00 元

《小麦高产栽培技术问答》
编 委 会

前　　言

小麦适应性强、分布广、用途多，全世界 1/3 以上的人口以小麦为主要食粮。我国小麦播种面积、总产量和库存量均居世界首位，小麦生产在国家粮食安全上占有举足轻重的地位。近年来，随着农业生产条件的不断改善和科学技术水平的逐步提高，小麦生产得到了长足发展，种植区域布局趋于集中，小麦品种、品质结构得到改善，栽培管理技术趋于成熟，单产和总产连续增长，形成了小麦标准化生产、产业化经营新格局。

为引导农民科学种田，实现小麦"高产、优质、高效、生态、安全"的发展目标，我们组织农业科技人员编写了本书。在编写过程中，本着"简单、实用、实效"的原则，坚持理论与实践相结合，传统生产经验与现代科学技术相结合，以通俗易懂的语言，图文并茂的形式，解答农民在小麦生产中遇到的疑难问题。

本书共 11 章，内容包括小麦生产基本知识、小麦用种知识、小麦播种技术、小麦用肥技术、小麦用水技术、小麦田间管理疑难解析、小麦病虫害识别与防治技术、小麦减灾技术、小麦用药技术、小麦优质高产主推技术、小麦机械化生产等。适合黄淮海冬小麦种植区家庭农场、农业合作社及广大农民学习使用，也可供基层农业技术人员阅读参考。

由于作者水平有限，难免存在错误和不足之处，敬请读者不吝指正。

编　者

目　　录

第一章　小麦生产基本知识

一、我国小麦有哪些类型及分区？

(一) 小麦的类型

小麦属禾本科 (Gramineae)，小麦属 (Triticum)。根据小麦体细胞染色体数目，可把小麦分为不同的类型 (种和变种)。目前，我国种植的小麦主要有以下 6 种类型。

1. 普通小麦

占绝大多数，为 96% 以上，遍布全国各地，是我国主要的栽培类型。

2. 圆锥小麦

约占 2%，在我国中部、西部和西北部有零星种植。

3. 硬粒小麦

分布于西南和西北地区，约占 1%。

4. 密穗小麦

不足 1%，分布于我国西南和西北地区。

5. 波兰小麦

主要在新疆维吾尔自治区 (以下简称新疆) 种植，数量极少。

6. 云南小麦

普通小麦的一个亚种，是我国独特的一种小麦类型，春性强，不易脱粒，种植于云南的西部地区。

按春化特性和播期，可把小麦分为冬小麦和春小麦两大类。

（二）小麦栽培分区

小麦适应性强，在我国广泛种植，南起海南岛，北至漠河，西起新疆，东抵渤海诸岛，从平原到高山均有栽培。我国麦田面积每年稳定在 2 700 万公顷左右，冬、春麦均有种植，其中，冬小麦占 4/5 以上，春小麦约占 1/5。由于各地自然条件、种植制度等的不同，小麦的分布形成明显的自然区域，可大体分为 3 个大区 10 个亚区。

1. 冬麦区

含 5 个亚区：北方冬麦区、黄淮平原冬麦区、长江中下游冬麦区、西南冬麦区、华南冬麦区。

2. 春麦区

含 3 个亚区：东北春麦区、北方春麦区、西北春麦区。

3. 春冬麦兼种区

含 2 个亚区：新疆春冬麦区、青藏高原春冬麦区。

二、什么是小麦的生育期？

小麦从种子萌发开始，经过出苗、生根、长叶、拔节、孕穗、抽穗、开花、结实等一系列生长发育过程，到产生新的种子，叫小麦的一生。从播种到成熟需要的天数叫生育期。冬小麦大多在 230 ~ 280 天，春小麦一般为 100 ~ 120 天。黄淮海冬麦区小麦的生育期一般在 230 天左右。

三、小麦一生有哪些生育时期？
划分标准是什么？

为了便于栽培管理，生产上根据小麦不同阶段的生育特点，可把小麦的一生划分为 13 个生育时期，即播种、出苗、三叶、分蘖、越冬、返青、起身、拔节、孕穗、抽穗、开花、灌浆、成熟期。

（一）播种期

小麦播种的日期。

（二）出苗期

小麦的第一真叶露出地表 2 ～ 3 厘米时为出苗标准，全田50％以上的幼苗达到出苗标准时的日期，即为该田块的出苗期。

（三）三叶期

全田50％以上的麦苗主茎第三片叶伸出 1 厘米左右的日期，即为三叶期。这是麦苗由异养过渡到自养的一个重要转折点。

（四）分蘖期

全田50％以上的麦苗第一分蘖露出叶鞘 2 厘米左右的日期，即为分蘖期。

（五）越冬期

冬前日平均温度下降到 2 ～ 4℃，麦株基本停止生长的日期，到第二年气温回升至 3℃，麦苗开始生长的日期，用天数表示。这段时期称为越冬期。

（六）返青期

当年后新长出的叶片（一般是跨年生长的叶片）由叶鞘长出 1 ～ 2 厘米，麦苗叶片由深绿转为鲜绿色时，植株仍呈匍匐状，即为返青期。

（七）起身期

麦苗由匍匐开始向上生长，主茎年后第一个伸长叶片的叶耳和年前最后一叶的叶耳的距离约 1.5 厘米，基部第一节间开始伸长，但未露出地面时，为起身期。

（八）拔节期

全田50％以上的植株，茎基部第一节间露出地表 1.5 ～ 2 厘米，即为拔节期。

（九）孕穗期（挑旗期）

全田 50% 以上的植株旗叶叶片全部抽出叶鞘，旗叶叶鞘包裹的幼穗明显膨大，为孕穗期，又叫挑旗期。

（十）抽穗期

全田 50% 以上的麦穗（不包括麦芒）由叶鞘露出 1/2 时，即为抽穗期。

（十一）开花期

全田 50% 以上的麦穗中上部小花的内外颖张开，花药散粉时，即为开花期。

（十二）灌浆期

全田 50% 以上的麦穗中上部的小花受精后干物质开始积累之日始，到灌浆终止期所经历的天数。又分为乳熟期和面团期。籽粒刚开始沉积粉粒，到满仓时，即为乳熟期，历时 15~18 天；籽粒表面由绿黄色变成黄绿色，胚乳呈面筋状，即为面团期，历时 3 天。

（十三）成熟期

包括蜡熟期和完熟期。胚乳呈蜡状，籽粒开始变硬时称为蜡熟期，是适宜的收获期；当籽粒进一步变硬，含水量降至 20% 以下，变成硬仁，即为完熟期。

四、小麦一生分几个生长阶段？

根据小麦器官形成的特点，将几个连续的生育时期合并为某一生长阶段。为便于生产管理，一般划分为 3 个生长阶段。

（一）营养生长阶段（前期）

从萌发到幼穗开始分化（分蘖期），生育特点是生根、长叶和分蘖，表现为单纯的营养器官生长，是决定单位面积穗数的主要时期。包括出苗期、三叶期、分蘖期、越冬期、返青期。

（二）营养生长和生殖生长并进阶段（中期）

从分蘖末期到抽穗期，是根、茎、叶继续生长和结实器官分化形成并进期，是决定穗粒数的主要时期。包括起身期、拔节期、孕穗期、抽穗期。

（三）生殖生长阶段（后期）

从抽穗到籽粒灌浆成熟，是决定粒重的时期。包括开花期、灌浆期、成熟期。

五、冬性、半冬性和春性品种是怎样划分的？

小麦要从营养生长过渡到生殖生长，必须经过两个发育阶段，即春化阶段和光照阶段。

小麦幼苗必须经过一定时间和一定程度的低温，然后才能抽穗、结实，这一现象称为小麦的春化现象，这段低温影响时期称为小麦的春化阶段。根据通过春化阶段所需温度高低和时间长短，可把小麦品种分为冬性、弱（半）冬性和春性 3 种基本类型。

冬性品种 对低温要求严格。需在 0 ~ 3℃ 条件下，经过 35 天以上才能通过春化阶段。不经过春化阶段处理，不能抽穗、结实。

春性品种 对低温要求不严格，经历时间也较短。一般在 0 ~ 12℃，经过 15 天的时间即可通过春化阶段。

半冬性品种 对低温要求介于冬性和春性之间。在 0 ~ 7℃ 条件下，经过 15 ~ 35 天，可以通过春化阶段。春播时不能抽穗或抽穗不整齐，产量很低。

六、小麦品种对日照长短的反应有几种类型？

小麦通过春化阶段后，就进入光照阶段，开始幼穗发育，然后才能抽穗结实。小麦是长日照作物，根据小麦对每天日照长短的不同反应，可把小麦品种可分为 3 种类型。

反应迟钝型　在每天 8～12 小时的日照条件下，16 天以上能通过光照阶段而抽穗结实，一般春性品种属此类型。

反应中等型　在每天 12 小时的日照下，25 天左右可以通过光照阶段而抽穗结实，一般半冬性品种属于这一类型。

反应敏感型　在每天 12 小时以上的日照条件下，经过 30～40 天才能通过光照阶段而抽穗结实。一般冬性品种及高纬度地区春播的春性品种均属这一类型。

七、小麦对光照有何要求？

光照包括光照时间和光照强度两个方面。小麦的生长发育过程，就是小麦茎、叶在光的参与和作用下，将二氧化碳和水转化成碳水化合物等营养物质并积累和传输的过程。所以，光照是小麦生长发育的原动力，是小麦进行光合生产的基本元素和必要条件，直接影响小麦产量和品质的形成。

黄淮海平原麦区日照时数较多，全生育期 1 300～2 000 小时，对干物质积累和产量形成有利。

黄淮海麦区小麦生育期间的光照强度是冬前（出苗至越冬）由强变弱，冬后（返青至成熟）由弱变强，有利于小麦光合产物的形成和积累，小麦光合生产随光照强度的增大而增强。

小麦分蘖期有较高的光照强度，不仅分蘖数量增加，而且分蘖健壮。

在小麦穗分化过程中，缩短日照，穗分化时间相应延长，利于小穗数目增加；小麦从小花原基出现到雌雄蕊分化盛期，特别是从四分体到花粉粒形成期，田间光照强度不足，将会导致小穗和小花数量减少而减产。这是当前小麦高产栽培中必须认真解决的问题。

八、小麦生长发育对营养的需求有哪些？

（一）所需的营养元素

小麦和其他作物一样，要维持其正常生育并获得高产，就必须供给充分的营养。小麦生长发育所需的营养元素主要有碳、氢、氧、氮、磷、钾、钙、镁、硫、铁、锰、铜、锌、硼、钼等元素。其中，碳、氢、氧在小麦干物质中占95%左右，由于它们在空气和水中大量存在，一般不会成为营养元素供应的主要问题。其他元素虽然只占干物质的5%左右，但它们对小麦生长发育及干物质的生产、分配和累积起着主要的作用，是不可或缺的营养元素。其中，氮、磷、钾的需求量最大，称为肥料三要素，如果出现供应不足或供应失调的情况，则会严重影响小麦的生长发育，并使产量形成受到制约。营养元素中的微量元素虽然需求量很少，但它们对调节小麦正常生长和产量形成也都有着各自不可缺少的功能。可以说，营养元素充分和协调的供给是小麦正常生育和获得优质高产的重要基础。

（二）对氮、磷、钾的需求量

小麦对氮、磷、钾的需求量，因地域条件、目标产量、品种特性、栽培水平等存在一定差异，但也有一定相对规律性。一般认为每生产100公斤（1公斤＝1千克。全书同）小麦籽粒，约需纯氮（N）3公斤，磷（P_2O_5）1~1.5公斤，钾（K_2O）3~4公斤，其大致比例为1∶0.5∶1.2。小麦所需的营养元素大致有两个

来源：一方面来自于土壤，另一方面靠施用有机肥或化学肥料。

九、小麦对水分的需求有哪些？

（一）小麦的耗水量

小麦的耗水量（或需水量）是指小麦从种到收的整个生育期间的麦田耗水量。小麦一生的总需水量为 400～600 毫米（折合每 667 平方米 260～400 立方米），其中包括：30%～40% 的土壤蒸发（指由土表直接散失的水分）、60%～70% 的植株蒸腾（指由小麦体表散失的水分）和少量的重力水流失。土壤蒸发是对植株不利的水分损失，应尽量避免。植株蒸腾则是小麦正常生育所需的生理过程。一般小麦每生产 1 克干物质，需要由叶面蒸腾 400～600 毫升的水分。那么，每生产 1 公斤小麦籽粒需要消耗多少水呢？一般高产麦田每生产 1 公斤小麦籽粒耗水 630～700升，中产麦田需 700～850 升，低产麦田需 1 000～1 400升。

（二）小麦不同生育时期的耗水特点

小麦不同生育时期的耗水量与气候条件、产量水平、田间管理状况及植株生育特点等有关。

1. 拔节期以前

植株小、温度低，耗水量较少，而且以土壤蒸发为主。这段时间占全生育期的 2/3，耗水量只占总耗水量的 1/3 左右。

2. 拔节至抽穗期

植株生长量剧增，耗水量也急剧上涨，此间土壤蒸发减少，叶面蒸腾量显著增加。在拔节至抽穗的 1 个月内，耗水量占全生育期的 1/4 左右，耗水强度（日耗水量）每 667 平方米达 4 立方米左右。

3. 抽穗至成熟的 35～40 天内

耗水强度每亩（1 亩≈667 平方米。全书同）达 5 立方米左右，阶段耗水量为总耗水量的 40% 左右。由此可见，后期保持土壤适宜的水分，对争取粒重具有重要意义。

（三）小麦各生育时期适宜的土壤水分状况

麦田耗水以 1 米深以内的土层为主。其中，0 ~ 20 厘米是主要供水层，土壤水分含量变幅也大；21 ~ 50 厘米为次活跃层，也是重要的供水层；51 ~ 100 厘米为贮存层，水分含量较稳定，占耗水量的 25% 左右。小麦生育期间的适宜土壤水分含量，一般以 0 ~ 20 厘米土壤含水量为主要依据。

1. 播种出苗期

耕层土壤含水量以保持田间持水量的 70% ~ 80% 为宜，低于 65% 时应浇底墒水。

2. 分蘖期

土壤含水量以保持田间持水量的 70% ~ 80% 为宜，低于 50% 分蘖率明显下降。

3. 越冬和返青期

土壤含水量低于田间持水量的 70% 时需浇冻水，返青期以保持田间持水量的 70% 为宜。表土干旱缺墒影响返青，甚至造成死苗。

4. 起身至孕穗期

土壤含水量以保持田间持水量的 70% ~ 75% 为宜，低于 50% 时，结实率严重降低。其中，孕穗期对水分反应最敏感，称为需水"临界期"。

5. 抽穗和开花期

开花期土壤含水量以保持田间持水量的 70% ~ 80% 为宜，低于 50% 时，会降低结实率。

6. 建籽和成熟期

建籽期土壤含水量以保持田间持水量的 70% ~ 80% 为宜，成熟期可保持 60% ~ 70%，有利于籽粒成熟。

十、小麦对土壤的基本要求有哪些？

高产小麦对土壤的要求是：土壤肥沃，土层深厚和质地良好，土壤酸碱度（pH 值）在 6.5 ~ 7.5。

土壤肥沃 土壤中具有丰富的有机质和各种养分。根据研究与生产调查统计，一般高产麦田的土壤有机质含量在 1.2% 以上，含氮量 ≥0.10%，水解氮 50 毫克/公斤以上，有效磷 25 ~ 30 毫克/公斤，速效钾 ≥150 毫克/公斤。有机质含量高，土壤结构和理化性状好，能增强土壤保水保肥性能，较好地协调土壤中肥、水、气、热的关系。

熟土层厚 熟土层是在耕作栽培措施的作用下形成的理化性状好、养分含量较高的土壤层次。小麦根量的 60% ~ 70% 都公布在这一层，因此，它是小麦养分和水分的主要供应层。加厚熟土层是小麦高产的共同经验。有研究表明，在原有耕作层 12 ~ 15 厘米的基础上，加深到 18 ~ 22 厘米，当年小麦可增产 10% 左右。就目前条件看，高产麦田耕地深度应确保 20 厘米以上，能达到 25 ~ 30 厘米就更好。加深耕作层，能改善土壤理化性能，增加土壤水分涵养，扩大根系营养吸收范围，从而提高产量。但超过 40 厘米，就打乱了土层，不但当年不增产，而且还有可能减产。

质地良好 土壤结构松紧度合适。通常用土壤容重及空隙来反映土壤的松紧状况。高产麦田的土壤容重为 1.14 ~ 1.26 克/立方厘米，空隙率为 50% ~ 55%，这样的土壤，上层疏松多孔，水、肥、气、热协调，养分转化快，下层紧实有利于保肥保水，最适宜高产小麦生长。

土地平整　高产麦田要求地面平整，坡降不超过 0.3%，保证排灌顺利，防止土、肥、水流失，同时也有利于保证各项田间作业的质量。麦田内外沟、渠、涵、闸要配套，确保及时排灌，增强抗灾减灾能力。

十一、影响小麦分蘖的因素有哪些？

黄淮麦区小麦冬前壮苗的标准是：冬前单株平均有 3～5 个分蘖，7～10 条次生根，主茎能长出 6～7 片叶（包括心叶），达到叶片、根系和分蘖的同步生长，平均亩群体 60 万以上。影响因素如下：

品种　冬性强的品种春化阶段时间长，分蘖多；春性强的品种分蘖较少。

积温　出苗后至越冬前，每长出一片叶需 70～80℃ 的积温。要保证冬前形成壮苗（按 6 叶 1 心计算），需 3℃ 以上积温为 490～565℃。晚播小麦积温不足，叶数少，分蘖也少。

地力和水肥条件　单株营养面积合理，地力高，养分充足，尤其是氮磷配合施用，能促进分蘖的发生，利于形成壮苗。土壤含水量在 70%～80% 时，有利于分蘖。生产上，水肥常常是分蘖多少的主要制约因素，往往可通过调节水肥来达到促、控分蘖的目的。

播种密度和深度　冬小麦应稀播，一般播种深度 4～5 厘米，有利于分蘖。播种过密，植株拥挤，争光旺长，分蘖少。播深超过 5 厘米，分蘖就要受到抑制，超过 7 厘米苗弱很难分蘖，或者分蘖晚而少。

十二、小麦穗是如何形成的？

小麦的穗粒数是构成产量的主要因素之一。每穗粒数的多少，主要取决于每穗小穗数、小花数及其结实率。因此，掌握幼穗分化规律，了解穗部各结实器官的分化时期、持续时间、分化程度及其与环境条件的关系，是争取提高穗粒数的基础。

（一）麦穗的形态

小麦的穗由穗轴和小穗组成。穗轴由许多节片组成，每节片上着生1个小穗，每个小穗包括1个小穗轴、2个颖片和数朵小花。1朵发育完全的小花又包括内稃、外稃、3个雄蕊、1个雌蕊和2个浆片。雄蕊由花丝和花药组成。雌蕊由子房和2个羽毛状柱头组成。

有芒品种在外稃顶端着生芒。芒有较多的气孔，占小穗总气孔数的55%~60%，故芒有较高的蒸腾和光合作用。

（二）小麦幼穗的分化与穗的形成

小麦的茎生长锥在发育成麦穗的过程中，一般按照分化穗轴、小穗、小花、雄蕊、雌蕊等的先后顺序进行。按照其形成过程中明显的形态特征，大致可分为9个时期，即：

1. 初生期；

2. 生长锥伸长期；

3. 单棱期（穗轴节片分化期）；

4. 二棱期（小穗原基分化期）；

5. 护颖原基分化期；

6. 小花原基分化期；

7. 雌、雄蕊原基分化期；

8. 药隔形成期；

9. 四分体形成期。

经过上述 9 个过程的生长发育，小麦的幼穗基本形成。

（三）如何增加穗粒数

穗粒数（结实小花数）的增减，决定于小穗小花分化及退化两个相反过程的相互关系。

1. 小穗数、小花数与穗粒数的关系

在一般情况下，每穗小穗数多，穗粒数亦多；但在有些情况下，每穗小穗数虽然很相似，穗粒数的变化却很不一致。因此，穗粒数与小穗数之间，并不经常呈正相关。在一般生产条件下，每穗小花数与穗粒数之间差异极大，穗粒数仅占总小花数的 30% 以下，即有 70% 以上的小花退化。因此，控制小花退化、保花增粒是争取穗粒数的最主要途径。

2. 不同群体的肥水施用

在生产实践中，确定争取穗粒数的措施时，应与确保穗数同时考虑。

对于群体不大的中低产麦田，可采取结合促蘖、保蘖措施，兼促小穗、小花分化。后期重施拔节期肥水，以保花增粒，即促、保并重。

对于群体适中或较大，生产条件又好的麦田，为防止群体发展过大和倒伏，前期宜稳健生长，在单棱期或二棱期不施用或酌情减缓肥水，为施用拔节肥水创造条件。肥水重点放在雌、雄蕊分化至四分体期间，依苗情确定施用时期和数量，即以药隔期肥水为中心的保花增粒为主。

3. 不同苗情的肥水运筹

（1）一般大田：主要是培育壮苗、壮株，使群体达到一定的繁茂度。应以争取穗数为主，兼顾增加穗粒数和粒重。促蘖、保蘖、促花、保花措施均可应用。

对于壮苗，肥水宜主攻提高分蘖成穗率，兼顾粒数。视地

力、苗情，肥水重点可放在播期（育壮苗）、二棱期（保蘖、促小穗）和拔节期（保花）。

对于弱苗，应以促蘖为主，兼顾提高分蘖成穗率。肥水重点可放在起身期，视地力、苗情等条件，也可在小花至四分体应用，最好在雌雄蕊分化期至药隔形成期间应用。

（2）高产田：主要是创造合理的群体结构，防止倒伏。要稳住穗数，以争取粒多、粒重为主。

对于壮苗，可采用促蘖、稳定穗数和重保花增粒的途径。肥水措施可放在二棱期保蘖和拔节期保花。对于旺苗，可采用控蘖、保花的途径。肥水措施应始于二棱期之后，重点放在拔节期。

由上可见，在不同地力、苗情和生产条件下，争取穗粒数的途径是不同的。除一般田的弱苗取促小穗、小花为主的途径外，余者皆以保花为主。即争取穗粒数的主要途径应是在一定小花数的基础上，减少小花退化，保花增粒。

十三、小麦籽粒及粒重是如何形成的？

（一）抽穗、开花和受精

小麦在旗叶伸展（挑旗）后 10~15 天抽穗，抽穗后 3~5 天开花。在一个麦穗上，中部小穗先开花，然后渐及于上部和下部，持续 3~5 天。同一麦田持续 6~7 天。小麦昼夜均能开花，但一般多集中在上午 9~11 时和下午 3~6 时。

小麦属自花授粉作物，天然杂交率低，仅 0.4% 左右。花粉粒在柱头上 1~2 小时即可萌发，经 24~36 小时可完成受精过程。开花、受精及其后胚和胚乳的发育，对小麦籽粒形成及粒重形成有重要意义。

（二）小麦的籽粒及粒重形成

小麦抽穗开花后，植株生育中心转向籽粒。千粒重的高低与产量有密切的关系，在单位面积粒数相同的情况下，产量随千粒重提高而增加。尤其在高产田中，由于单位面积粒数多，提高粒重的增产意义更大。在大面积生产中，同一品种的千粒重，受年份（气候）、栽培条件、病虫害等多种因素影响，差异很大，可以由几克到十几克，甚至二十几克的变幅。如在每亩穗数为 40 万～50 万穗，每穗平均粒数为 30～36 粒范围内，千粒重每增减 1 克，每亩产量约增减 10～15 公斤。这在大面积生产上是一个十分可观的数字。因此，掌握籽粒和粒重形成规律，对稳定和挖掘品种的粒重潜力至关重要。

1. 籽粒生育过程

小麦从开花到籽粒成熟经历的日数，因品种、地区和条件而不同。黄淮海冬麦区一般 30～35 天。根据这一期间外形及内部的生理变化，大致将籽粒形成划分为 3 个过程、5 个时期。3 个过程是籽粒形成过程、灌浆过程及成熟过程。五个时期是建籽期、乳熟期、面团期、蜡熟期和完熟期。每个时期的主要特征如下。

（1）籽粒形成过程：从开花后 2～3 天（坐脐）开始，历时约 9～10 天。主要建造籽粒的重要部分——果皮、种皮、胚及胚乳腔，初步建成"产量容器（库）"。这一时期有明显的 4 个特点。

一是籽粒含水量急剧增长；

二是初期胚乳腔内呈清水状，之后由清水状逐渐向乳状过渡，但干物质积累不多，籽粒含水率由开始的 80% 降至 65%；

三是籽粒颜色由灰白渐转为灰绿；

四是籽粒长度急剧增长，宽、厚度增长缓慢。当籽粒长度达本品种应有长度的 3/4 时（多半仁），该过程结束。由开花受精至形成多半仁这个过程也称为建籽期。

如果此期遇到不良的生育条件，会影响子房和胚乳腔的发育，缩小产量容积，限制以后的干物质累积，甚至形成退化籽粒。

（2）灌浆过程：籽粒发育到多半仁时，干物质开始大量向籽粒中积累。这个过程历时 20 天左右，经历乳熟和面团两期，是决定粒重的关键时期。

乳熟期历时 15～18 天，是粒重增长的主要时期，其主要有以下特点。

一是含水量的变化平稳，籽粒含水量保持一定水平；

二是干物质急剧增长，胚乳从清乳转为稠乳状；

三是籽粒宽、厚也急剧增长，中后期籽粒体积达最大，称为顶满仓；

四是粒色由灰绿转向鲜绿色，再转向绿黄色，籽粒表面呈现光泽；

五是籽粒含水率由多半仁的 65% 降至 45%。

乳熟期以后，干物质的累积和浓缩同时进行，胚乳呈糊状，故称为面团期。此时籽粒表面失掉光泽，生理活动开始转弱。当籽粒含水率降到 40% 左右时，干物质运输受阻滞，胚乳渐呈蜡状。面团期历时 3～5 天。

这一时期的生育条件，影响干物质积累，显著影响粒重。

（3）成熟过程（聚面过程）：历经蜡熟和完熟两个时期，与籽粒含水量的缩减阶段相对应。蜡熟期历时 3～4 天，含水量急剧缩减，籽粒中累积物质进行生化转化，变为贮存性物质。籽粒由于缩水，体积变小，并呈现光泽，粒色由黄绿变黄，再转为本品种固有色泽。蜡熟中期籽粒干重达最大值，为人工收获适期，籽粒含水率约 25%。含水率降至 20% 时为蜡熟末期，是机械收获适期。

蜡熟期以后，籽粒继续缩水，体积变小。当含水率降至

18%以下时，进入完熟期，胚乳由蜡状变硬。

此一过程的不良条件，不仅减少干物质积累，还增加干物质流失与消耗，降低粒重。

2. 影响粒重的因素

在形成粒重的营养物质中，有5%～10%来自于开花前茎、叶、鞘中的贮藏物质，而90%～95%却来自于开花后的光合产物。因此，在小麦籽粒建成、灌浆和成熟过程中，凡影响植株光合和运转的内外因素，均影响粒重形成。主要影响因素可归纳如下。

（1）土壤水分：土壤水分状况是影响粒重的决定因素。土壤水分过多过少均不利于籽粒增重。粒重形成过程中的适宜土壤水分含量，是田间最大持水量的75%～80%。适宜的土壤水分可以延长小麦后期茎、叶、鞘等绿色器官的功能期，提高根系活性，增加光合强度，从而有利于促进胚乳发育和干物质的运输与累积。较高的籽粒含水量，不仅可提高籽粒活性，增强灌浆强度，而且有利于延缓籽粒缩水过程，延长灌浆持续时间。

土壤干旱会加速小麦衰老进程，导致早熟或早衰。土壤水分过多或停水过晚，易造成晚熟，并诱发病虫害，甚至引起烂根早衰。

（2）温度：温度也是影响粒重形成过程的重要因素。有利于灌浆的适宜温度是20～22℃。当日平均气温高于25℃时，往往加速叶片衰亡，缩短灌浆过程。较低的温度虽然延长灌浆持续时间，但影响灌浆强度，并延迟成熟，不利于躲避干热风为害。一般认为，昼夜温差较大的条件有利于增加粒重。在生产实践中，前期的栽培措施，应考虑对提早抽穗开花有利，这样可能为粒重形成过程争取较好的温度条件。

（3）光照强度和群体受光状况：晴朗的天气和充足的光照

有利于籽粒增重。在相同的自然光照下，植株的受光状况主要决定于群体结构的状况。因此，在小麦生育前期和中期的籽粒建成和灌浆过程，建造一个结构和性能良好的光合生产系统，是提高粒重的主要基础。

（4）矿质营养：从开花到成熟，小麦植株吸收的氮、磷量分别占全生育期吸收量的 1/3 和 2/5，即有相当一部分氮、磷无机养分是在小麦生育后期吸收的。而钾的吸收在开花后则不再增加。

开花后适宜的氮素营养水平可提高小麦组织的水分含量和保水能力，有利于延长叶片和根系功能期，对胚乳发育、粒重形成及提高籽粒蛋白质含量都有良好作用。当然，氮素过多亦会抑制光合产物和茎叶贮存性物质向籽粒的转运，并常招致贪青晚熟、倒伏和病虫害，使粒重降低。磷素可以促进碳水化合物和含氮物质向籽粒的转运，有利于灌浆成熟。钾素则有助于提高植株抵抗干热风的能力。

3. 提高粒重的措施

在生产实践中，要提高粒重必须落实以下几项措施。

（1）后期供水是争取粒重的决定性措施：粒重的形成明显地受籽粒含水量变化的制约。在黄淮海地区，小麦开花后是高温、干旱、失水最多的时期，每天每亩耗水 3 立方米左右。从抽穗到成熟总耗水量约需 190 毫米。多数地区在这个期间的降水量都比此值小得多。因此，必须及时供水，否则严重影响粒重。

各地浇水的次数、时间、数量，要根据当地的降水量、供水条件、土壤保水能力、植株生长状况、产量目标等，因地制宜进行。原则上应保证土壤水分含量达田间持水量的 70% ~ 80%。

在大田生产中，自开花前后始，一般有 3 个灌水时期可以选择，即扬花坐脐水、灌浆水和攻籽水。

·扬花坐脐水。在开花前后 3 天进行。可延缓植株衰亡，提高光合效率，促进胚乳发育及提高籽粒含水量。

·灌浆水。在多半仁前后进行。可提高光合效率，促进物质运转，增强灌浆强度和保持一定的持续时间。

·攻籽水。在顶满仓前后进行。可减缓缩水过程，有利于延长灌浆持续时间。

在一般生产条件下，往往水源不足，应考虑用有限的水获得最大的经济效益。若只允许灌两水，则以灌坐脐水和灌浆水为宜；若只允许灌一水，则以坐脐或灌浆始期为宜，以防早衰。总的看来，浇水次数并不是越多越好。次数过多，一是对籽粒增重不一定有利，二是不经济；但若后期无灌水条件，又无降水时，会严重降低粒重和产量。

（2）酌情补肥：小麦后期的早衰除与水分状况有关外，与营养水平也有一定关系。在前中期追肥适当、地力又较好的地块，小麦后期一般不表现脱肥。对于表现脱肥、过早显黄的麦田，用根外追肥弥补。例如，可在坐脐后和灌浆始期喷洒 1% ~ 2% 的尿素水溶液，每次每亩用量 40 ~ 50 升溶液，以补足氮肥。也可结合喷施磷酸二氢钾，以补足磷、钾肥。

（3）防治病虫害：小麦抽穗后，经常发生蚜虫、锈病、白粉病等为害，要及时防治。这些病虫害不仅直接消耗营养，而且使光合面积急减，净光合产物下降，严重影响粒重。如仅蚜虫为害一项，即可使千粒重降低 1 ~ 5 克，甚至更多。

（4）防止倒伏：倒伏严重影响产量，一般以坐脐、灌浆期间的倒伏减产最重。在前期已有群体的基础上，后期主要是掌握灌水时间和数量，避开大风大雨天气。

（5）及时收获：籽粒成熟后要及时收获，做到丰产丰收。适宜的收获期，人工收割为蜡熟中期，机械收割为蜡熟末期。收获期间避免淋雨，不然会降低发芽率，并使籽粒及面粉的加工品质变劣。

十四、栽培措施对产量形成有哪些影响？

小麦成产因素是由亩穗数、穗粒数和千粒重构成的，三者的乘积越高，产量越高。

亩穗数是由主茎穗和分蘖穗共同组成，要保证足够亩穗数就必须掌握好播种量，使基本苗数量适宜，而且分布均匀，每株小麦都得到充足的光照和营养，才能有适宜的分蘖成穗数。

增加穗粒数的途径是通过肥水调控措施，促使麦株营养状况良好，在保证每个麦穗有较多的小花数的基础上，提高小花结实率。田间管理措施要有促有控，使氮素营养和碳素营养协调，高产田和群体适宜的麦田要防止肥水施用过早过多，氮代谢过旺，碳代谢过弱；中低产田和群体不足的麦田要防止肥水不足、氮代谢过弱，造成早衰。一般来说，高产田在返青期和起身期不追肥浇水，于拔节中后期肥水齐攻，做到前氮后移，防止早衰；中产田于返青期划锄，起身期至起身后期肥水攻促，有利于提高穗粒数。

小麦开花至成熟阶段是决定粒重时期。小麦的粒重有 1/3 是开花前贮存在茎和叶鞘中的光合产物，开花后转移到籽粒中的；2/3 是开花后光合器官制造的。所以，保证小麦开花至成熟阶段有较长时间的光合作用时期，延长小麦灌浆时间，防止小麦早衰是提高粒重的途径。主要措施有防治中后期的病虫害，小麦开花期或灌浆初期适当灌溉等，养根护叶，保护绿叶功能，从而达到高产目的。

十五、小麦品质类别有哪些？

通常所指的小麦品质，主要包括营养品质和加工品质。而对优质商品小麦生产来说，主要是指加工品质，加工品质又可分为制粉品质和食品加工品质。由于小麦可制成种类繁多的食品，在小麦收购、流通过程中，还经常采用籽粒外观品质指标。

（一）外观品质

小麦外观品质包括籽粒形状、整齐度、饱满度、粒色、角质率等。籽粒形状是小麦的品种特性，有长圆形、卵圆形、椭圆形和圆形等，以近圆形且腹沟较浅的籽粒为优。粒色主要分为红色、白色两种，还有琥珀色、黄色、红黄色等过渡色。国内外研究表明，小麦籽粒颜色与品质无必然联系。在优质小麦生产中不能单纯追求籽粒颜色，而应根据具体生态条件和专用小麦类型来决定种植的小麦品种。整齐度是指小麦籽粒大小和形状的一致性，同样形状和大小籽粒占总量的 90% 以上者为整齐，小于70% 为不整齐，籽粒越整齐，出粉率越高，反之，出粉率低。饱满度多用腹沟深浅、容重和千粒重来衡量。腹沟浅，容重和千粒重高，小麦籽粒饱满，出粉率高。角质率主要由胚乳质地决定，既可根据角质胚乳或粉质胚乳在小麦籽粒中所占比例表示，也可根据角质籽粒占全部籽粒的百分数计算。

（二）商品品质

包括容重、籽粒大小、形状、整齐度、腹沟深浅、皮色和胚乳质地（透明度和硬度）等，其中，容重最为重要，以克/升表示。小麦容重是一个遗传性状，能综合反映小麦品质。容重大的籽粒成熟饱满，细胞结构紧密，籽粒大腹沟浅，出粉率高，反之则低。小麦容重的标准，一等级为 790 克/升，二等级 770 克/升，三等级 750 克/升。胚乳质地表现在角质率上，与出粉率和面粉灰分含量密切相关。硬质小麦由于胚乳淀粉粒与蛋白质紧密黏结，胚乳易与麸皮分离，因而出粉率高，软质小麦则相反。出粉率与籽粒整齐度关系很大，籽粒较小的出粉率明显下降，圆形、腹沟浅、种皮薄的籽粒出粉率高，面粉的颜色决定于胚乳的颜色，烘烤品质取决于面筋含量、质量。

（三）营养品质

小麦营养指小麦籽粒中蛋白质、氨基酸（主要是赖氨酸）、糖类、脂肪、矿物质等人体所需要的各种营养成分。小麦营养品质主要取决于蛋白质含量的多少、质地优劣及各种蛋白质组成比例，并影响加工品质。普通小麦籽粒的蛋白质含量平均在13%左右，并含有各种必需氨基酸，是完全蛋白质，但其氨基酸组成不平衡，第一限制性必需氨基酸是赖氨酸，其次是苏氨酸和异亮氨酸等。蛋白质含量对食品加工品质影响很大，一般而言，含量达到15%以上的适于做面包；11.5%以下的适合做饼干和糕点；12.5%～13.5%适于做馒头和面条等。小麦籽粒中含有多种矿物质元素，以无机盐的形式存在，含量一般为1.5%～2.0%，面粉中矿物质含量多少常作为评价面粉等级的重要指标，在精制面粉中含量很少。

（四）小麦的加工品质

分制粉品质与面粉的加工品质。制粉品质一般要求制粉时机具耗能要少，易碾磨，胚乳与麸皮易分开，易过筛，易清理，出粉率高，灰分低，粉色好等。反映磨粉品质的主要指标有出粉率、容重、硬度、面粉灰分和白度等。制粉品质好的指标是指出粉率高，灰分含量低（面粉精度指标），白度大，磨粉的耗能低。白皮小麦不仅籽粒外观好看，而且在制粉时，皮层容易剥离，因此出粉高，耗能低，白色的皮混一些到面粉中，也不影响面粉白度，提高了出粉率。面粉的加工品质是评价籽粒和面粉品质的基本指标与依据，主要指标包括面筋含量、面筋质量、面团形成时间和稳定时间、沉降值、软化度、评价值、延伸性、最大抗延阻力等多项指标。其中，面团稳定时间和抗拉伸强度与面粉品质关系最大。

（五）食品加工品质

是指面粉加工成不同食品的特性。食品厂要求面粉能制作适合不同需求、适口性好、外形又美观的食品，以满足广大消费者的需求。小麦面粉的加工品质和营养品质与面筋的质和量关系极为密切，面筋含量是衡量小麦食品加工品质的重要指标。面筋是小麦蛋白质的一种特殊形式，一般与小麦蛋白质含量成正比，占小麦蛋白质含量的 80% 左右，面筋主要由麦胶蛋白和麦谷蛋白组成，这两种蛋白质都不溶于水，前者溶于酒精，又称醇溶蛋白，后者溶于稀酸又称酸溶蛋白，这两种蛋白的作用也不同，麦胶蛋白影响面团的延展性，麦谷蛋白影响面筋的弹性，烘烤品质取决于面筋的含量和质量。沉降值是评价面筋品质的重要指标。根据沉降值大小将面粉进行分级，高强度面粉的沉降值大于 40 毫升，低强度面粉的沉降值小于 30 毫升，两者之间为中强度面粉。

十六、优质小麦概念是什么？有哪些标准？

（一）概念

优质小麦是指品质优良具有专门加工用途的小麦，且经过规模化、区域化种植，种性纯正、品质稳定，达到国家优质小麦品种品质标准，能够加工成具有优良品质的专用食品的小麦。优质小麦必须具备优质、专用、稳定 3 个基本特征。

（二）优质专用小麦类型及标准

根据国家颁布的克 B/T 17320—2013 标准，规定了专用小麦品种品质的分类。根据小麦籽粒用途的特点分为 4 种类型。

强筋小麦：籽粒质地较硬，硬度指数≥60，容重≥770 克/升，蛋白质（干基）≥14.0%；湿面筋含量≥30%，沉淀值≥40毫升，吸水率≥60%，稳定时间≥8.0 分钟，最大抗阻力≥350

（E.U.）。蛋白质含量高，面粉筋力较强，延伸性好，适用于制作面包，也适用于制作其他面条或用于配麦。

中强筋：指面筋数量和面筋强度介于强筋和中筋类型之间的小麦品种。硬度指数≥60，容重≥770克/升，蛋白质（干基）≥13.0%；湿面筋含量≥28%，沉淀值≥35毫升，吸水率≥58%，稳定时间≥6.0分钟，最大抗阻力≥300（E.U.）。可用于制作一般面包、高档次面条、饺子粉等。

中筋小麦：胚乳为半硬质或软质，蛋白质含量和面粉筋力中等。硬度指数≥50，容重≥770克/升，蛋白质（干基）≥12.5%；湿面筋含量≥26%，沉淀值≥30毫升，吸水率≥56%，稳定时间≥3.0分钟，最大抗阻力≥200（E.U.）。适用于制作面条、饺子、馒头等食品。

弱筋小麦：属于软质类型，蛋白质含量低，面粉筋力较弱，适用于制作饼干、糕点等食品。硬度指数≤50，容重≥770克/升，蛋白质（干基）≤14.0%；湿面筋含量≤26%，沉淀值≤30毫升，吸水率≤56%，稳定时间≤3.0分钟。

十七、影响小麦品质的主要因素有哪些？

小麦品质既受品种本身遗传因素的制约，又受自然条件和栽培措施等生态因素的影响，是基因和环境（包括温度、光照、降水及其分布、土壤、化肥和栽培措施等）共同作用的结果。

施肥、灌水、播种期、播种量、种植方式、播种茬口、化学调控等多种栽培措施都对小麦品质有不同程度的影响，其中影响显著的主要是施肥和灌水，而肥料中又以氮肥效果最突出。不同施氮量对小麦籽粒蛋白质含量有很大的影响。在一定范围内，小麦籽粒蛋白质含量随施氮量的增加而提高。在底肥相同的条件下，合理追施氮肥可使籽粒蛋白质含量提高1~2个百分点。

收获、贮存条件对品质表现也有一定影响。带秸收割小麦由于秸秆中养分可继续向籽粒运输，籽粒蛋白质含量和质量明显比机收的高。收获期遇雨则明显降低小麦角质率，蛋白质含量也有所下降。贮藏不当，如麦仓升温、熏仓等对品质也有负面影响。

十八、如何测算小麦产量？

测产取样方法。将测产麦田，按栽培条件和生育状况分成几个类型，在每类中选定一个测产片，在测产片选 2 ~ 3 个有代表性的田块，每一田块内选 3 ~ 5 个取样点，每点调查一米双行亩穗数；每亩穗数（万）＝1 米（3 尺）双行穗数（单穗 5 粒以上）除以平均行距（单位：寸）；从中随机取 10 ~ 20 个穗调查穗粒数，千粒重为前 3 年平均值。计算公式：

理论产量（公斤/亩）＝每亩穗数（万）×每穗粒数×千粒重（克）÷100×85%。

例如：行距 6 寸的麦田，1 米双行 280 穗，亩穗数为 280÷6＝46.7 万，10 穗平均 36 粒，千粒重按 43 克计算，则理论产量为：每亩穗数（46.7 万）×每穗粒数（36 粒）×千粒重（43克）÷100×85%＝（614.5 公斤/亩）

十九、亩产 600 公斤以上产量水平的主攻方向是什么？

亩产 600 公斤以上产量水平，由于土壤肥力较高，肥料投入较多，小麦分蘖多，群体较大，穗数多，很容易使粒重下降，粒重成为决定产量高低的主导因子。沈丘县小麦高产区产量不稳的主要原因就是粒重不稳，年度间差异很大，所以要在保证适宜穗数、较高粒数的前提下，稳定提高粒重是夺取小麦高产的关键所在。

二十、沈丘县麦区有哪些特点？

（一）气候特点

属暖温带半湿润大陆性季风气候，光、热、水、气资源丰富，四季分明，雨热同期。小麦全生育期大于零度的活动积温平均 2 122.3℃，日照时数 1 167.3 小时，降水 285.2 毫米。光热完全可以满足小麦生长发育需要，只是降水量略有不足，或因年际间差异而发生旱害，遇低温年份出现冻害。

（二）土壤特点

属河流冲击平原和湖相沉积平原，地势平坦，土层深厚，土壤肥沃，具有较高生产能力。土壤类型分为潮土和砂姜黑土两大类，沙颍河两岸以潮土为主，泉河两岸以砂姜黑土为主。

（三）种植制度以一年两熟为主

小麦种植面积 100 万亩以上，玉米种植面积 80 万亩以上。

（四）品种选用

适宜选用高产优质半冬性或弱春性品种，对光照反应中等至敏感，生育期 230 天左右的小麦品种。

（五）栽培时期

小麦播种适期一般为 10 月 8～15 日，成熟在 5 月底至 6 月初。

二十一、沈丘县小麦生产存在的问题有哪些？

（一）土壤肥力不均衡

秸秆还田比例小，基本不施有机肥，土壤有机质含量低。氮肥过量施用现象比较普遍，氮、磷、钾养分比例不平衡，肥料利用率低，一次性施肥比例大，追肥面积小，导致后期养分供应不足，硫、锌、硼等中微量元素缺乏现象时有发生。

（二）整地质量差

弃深耕改旋耕，耕层浅，旋而不耙，土壤悬虚，保水保肥能力差，易受干旱和冻害的影响。

（三）播种量偏大

依靠高播量取得高群体，群体与个体生长不协调，抗逆能力降低，易出现旺长、倒伏、病虫害等现象。

（四）农田水利设施建设标准低

井、电配套不完善，不能全部做到旱能浇、涝能排。

（五）病虫害发生严重

大播量、高群体、偏施氮，造成田间通风透光不良，易于病虫害的发生与为害；跨区进行机械耕作、播种、收获作业，使土传、种传病害蔓延迅速，对小麦生产已形成威胁；防治工作中存在重虫轻病、重治轻防现象；常年高剂量施用除草剂，在土壤中的残留对下茬作物生长造成不利影响。

第二章　小麦用种知识

一、小麦原种的概念是什么？

原种是由良种繁殖场或品种育成单位通过原种生产程序繁殖出的纯度较高，质量较好，而且能进一步供繁殖良种使用的基本种子。这里所指的原种，是新品种开始生产和推广的最原始的高质量种子。

二、小麦良种的概念是什么？

常说的良种有两层含义：

一是优良品种。

二是优良种子，即优良品种的优良种子。其纯度、净度、发芽率、水分4项指标均达到一定质量标准的种子。

三、什么是小麦种子的纯度？

品种纯度检验应包括两方面内容，即品种真实性和品种纯度。

品种真实性是指一批种子所属品种、种或属与文件描述是否相符。

品种纯度是指品种个体与个体之间在特征特性方面典型一致的程度。用本品种的种子数（或株、穗数）占供检验本作物种子数（或株、穗数）的百分率表示。品种纯度检验以田间检验为主，田间检验与室内检验相结合，辅之田间种植鉴定。检验的对象可以是种子、幼苗或较成熟的植株。

四、什么是小麦种子的净度?

种子净度即种子清洁干净的程度,是指一批种子或样品中净种子、杂质和其他植物种子组分的比例及特征。

五、什么是小麦种子的发芽率?

发芽率是指在规定的条件和时间内长成的正常幼苗数占供检种子数的百分率。

六、什么是小麦种子的水分?

种子水分是指种子内自由水和束缚水的重量占种子原始重量的百分率。

七、小麦种子质量的国家标准是什么?

根据国家标准克 B 4401.1—2008 的规定,小麦种子分原种和大田用种两个等级,其质量标准是:原种纯度不低于99.9%,袋内标签颜色为蓝色,大田用种纯度不低于99.0%,袋内标签颜色为黄色;净度均不低于98.0%;发芽率均不低于85%;水分均不高于13.0%。

八、小麦原种的生产技术要点是什么?

选用优良品种;选择成方连片基地;精细整地;统一机械播种;去杂去劣(防止生物学混杂);机械收割(防止机械混杂);单独晾晒、储藏、加工。

九、怎样做到去杂去劣（防止生物学混杂）？

种子繁育基地要按种子生产技术操作规程认真组织田间去杂除草，一般分3次进行。苗期除草一般在拔节前进行，冬前至早春用除草剂杀灭一般杂草，人工拔除燕麦、节节麦、猪秧秧等恶性杂草；去杂一般在拔节后进行，拔节期部分杂苗（如春性苗、大麦等）已能辨别，根据品种间不同的生物学特征，去除杂苗；结合田间检验，根据本品种的典型性状，将不符合本品种典型性状的杂株、生长不良的弱株和感病虫的劣株去掉。

十、小麦选种（购买麦种）时要注意什么？

选种时要注意做到"五要五不要"。一要买经营证照齐全的经销商销售的种子，不买流动商贩和证照不齐的经营者销售的种子；二要买已审定、且审定区域包括当地的种子，不买未审定的种子；三要买包装规范的种子，不买包装不规范的种子；四要买经过检疫的种子，不买无检疫标识的种子；五要买农业主管部门推荐的主推品种或经种子管理部门适应性试种的种子，不要买经营者盲目夸大的种子。

十一、怎样正确识别种子包装？

选择正规包装正规生产单位生产的原包装种子，包装物上印有醒目的图案及文字说明，有的还有防伪标记。包装物内外应有标签，标签标注的内容应有作物种类、种子类别、品种名称、产地、质量指标、种子批号、种子生产许可证编号、种子经营许可证编号、检疫证编号、净含量、生产日期、生产厂商名称及地址、联系方式等。

十二、根据小麦种子形态怎么鉴定优质种子?

看粒形。种子粒形不论属于哪种类型,都必须大小一致、整齐、角棱一样,颗粒的凸凹面相等,并无病粒、异性粒和破粒等。

看粒色。小麦种子不论什么品种,属于一个品种的粒色都必须一致,不能有差别。

看光泽。新鲜的种子一般光泽鲜艳发亮并一致。不能有霉、污和烂粒;一般暗淡无光泽的种子,不是旧种、陈种,就是过了水或雨淋过的种子。

看结构。一般种子都由胚胎、胚乳和种皮3部分组成。鉴别时可用牙齿咬开,或用刀切开,尔后再看它的内部结构、硬度、软度、松度和颜色是否一致。

十三、购买小麦种子的误区及对策有哪些?

小麦要高产,品种是关键。选购麦种时,应注意避免走入以下4个误区。

误区一:片面求新求异。新品种是指经过区域试验、生产试验的多年检验,并经农作物品种审定委员会审定,在产量、品质、抗性等方面表现优异的品种。但是市场上一些单位和个人往往将刚培育出来、未经区域试验及生产试验的品系,以新品种的名义进行宣传推销,有的甚至将已淘汰的品系也当做新品种,进行推销。

对策:对未经审定的品系只能作为试种或示范,绝对不能作为当家品种大面积推广。至于一些广告宣传中称某品种已经某科研单位(或专家)鉴定或认定,不能作为推广的依据,一定要购买通过审定的品种。

误区二：盲目追求大穗型品种。大穗型小麦一般具有较大的增产潜力，但种植大穗型小麦不一定能高产。因为品种具有地域性，异地的好品种不一定适应本地的种植条件。

对策：根据当地生产生态条件，选择农业管理部门公开推荐的小麦良种。对只推介品种，而不讲适应范围的，切勿轻信。另外引进外地品种时要坚持先试验、后推广，以免造成损失。

误区三：片面追求高肥水品种。每个品种都有其适应的地力水平，高肥水品种只有种在高肥水地块才能发挥增产潜力；如果在中低产田种植，往往表现早衰、干枯、籽粒不饱满、出粉率低等，产量上不去。同样，中肥水或旱地品种种在高肥水地块，因其增产潜力有限，往往发生倒伏现象。

对策：根据地力条件，选用与产量水平相适应的品种。在考察品种的产量水平时，同样要以农业管理部门发布的品种介绍为依据。不要听信非农业管理部门的片面宣传。

误区四：只看产量。小麦籽粒品质直接关系到小麦生产的经济收益，影响面粉及其制品的质量和食品工业的效益。但不少地方在选择小麦品种时，往往只看产量水平，不看品质指标，结果生产出来作为商品粮出售时，其价格与优质小麦相比差出较大。

对策：根据农业管理部门的推荐，综合考虑地力条件、产量水平和籽粒品质，选用产量高、品质好、抗逆性强的优质小麦品种。

十四、小麦品种混杂退化的原因是什么？怎样防止品种混杂退化？

小麦品种混杂是指一个品种里混进了一个或多个其他品种种子的现象；品种退化是指品种在农艺性状和经济性状等方面产生

种种不符合人类要求的变异类型。总的表现都是植株生长不整齐，成熟不一致，抗逆性减弱，产量和品质变劣，失去了品种固有的优良特征。

原因 机械混杂：在拌种、播种、收获、翻晒和贮藏等过程中，由于人为疏忽或条件限制所造成的。生物学混杂：小麦有0.1%～0.4%的天然异交率，其后代产生各种性状分离，从而破坏了品种的一致性和丰产性；良种本身的变异；不正确选择的影响。

防止措施 建立严格的良种繁育规则，在种、收、脱、运、晒、藏等各个环节上杜绝机械混杂现象的发生。同时，还要严格按照品种的特征特性，做好选种留种工作，建好种子田，搞好良种的提纯复壮，最大限度地保持和提高良种的种性，延长良种的使用年限。

十五、小麦种子发芽需要的环境条件有哪些？

合格的商品小麦种子，一般发芽率在90%～95%。但在大田生产条件下，往往只有70%～80%能出苗，有时还不足50%。这主要是由于田间不能充分满足小麦发芽的条件。小麦种子发芽需要3个基本条件。

温度 小麦种子发芽的最适温度15～20℃。在最适温度范围内，小麦种子发芽最快，发芽率也最高，而且长出来的麦苗也最健壮。温度过低，不仅出苗时间会推迟，并且种子容易感染病害，形成烂籽。

水分 小麦种子必须吸收足够的水分（达到种子重量的45%～50%）才能发芽。小麦播种后，土壤水分不足或过多，都能影响出苗率和出苗整齐度。小麦发芽最适宜的土壤含水量为田间持水量的60%～70%。具体说，砂土含水量应在15%，两合土应不少于18%，黏土应在20%以上。因此，在播种前一定要检查土壤墒情，如果墒情不足，应先浇好底墒水。

氧气　小麦种子萌发和出苗都需要有充足的氧气。在土壤黏重、湿度过大、地表板结的情况下，种子往往由于缺乏氧气而不能萌发，即使勉强出苗，生长也很细弱。

以上3个基本条件不可或缺，它们相互联系、互相制约。因此，在播种前一定要精细整地，做到土细了，上虚下实，适时播种，才能满足小麦发芽所需条件，保证出好苗、出全苗。

十六、怎样测定种子发芽势和发芽率？

小麦种子的发芽率是指100粒种子7天内的发芽粒数，发芽势是指100粒种子中3天内集中发芽的粒数。

播种前应做好发芽试验，并为确定播种量提供依据。供发芽试验的种子要有代表性，应从储存种子容器的各层中多点取样，充分混匀，最后取出200粒，分作两个样品测定，应标明试验种子的品种名称及来源。发芽试验的方法：

直接法　用培养皿、碟子等，铺几层卫生纸，预先浸湿，将种子放在上面，然后加清水，淹没种子，浸4～6小时，使其充分吸水，再把水倒出，把种子摆匀盖好（种子胚部向上，种子之间间隔开），以后随时加水保持湿润。也可用经消毒的纱布浸湿，把种子摆在上面，卷成卷，放在温度适宜的地方，随时喷水保持湿润，逐日检查记载发芽粒数。

间接法　来不及用直接法测定发芽率时，也可采用间接法，即染色法。先把种子浸于清水中2小时，捞出后取200粒分成等量两份测定。用刀片从小麦腹沟处通过胚部切成两半，取其一半，浸入红墨水10倍稀释液中1分钟（20～40倍液需2～3分钟），捞出用清水洗涤，立即观察胚部着色情况。种胚未染色的是有生活力的种子，完全染色的为无生活力的种子，部分斑点着色的是生活力弱的种子。

十七、当前主推小麦品种有哪些？

（一）周麦22

审定编号：国审麦2007007

半冬性，中熟，比对照豫麦49号晚熟1天。幼苗半匍匐，叶长卷、叶色深绿，分蘖力中等，成穗率中等。株高80厘米左右，株型较紧凑，穗层较整齐，旗叶短小上举，植株蜡质厚，株行间透光较好，长相清秀，灌浆较快。穗近长方形，穗较大，均匀，结实性较好，长芒、白壳、白粒，籽粒半角质，饱满度较好，黑胚率中等。平均亩穗数36.5万穗，穗粒数36.0粒，千粒重45.4克。苗期长势壮，冬季抗寒性较好，抗倒春寒能力中等。春季起身拔节迟，两极分化快，抽穗迟。耐后期高温，耐旱性较好，熟相较好。茎秆弹性好，抗倒伏能力强。抗病性鉴定：高抗条锈病，抗叶锈病，中感白粉病、纹枯病，高感赤霉病、秆锈病。容重777克/升、蛋白质含量15.02%、湿面筋含量34.3%、稳定时间3.1分钟。

栽培技术要点：适宜播期10月上中旬，每亩适宜基本苗10万～14万苗。注意防治赤霉病。适宜在黄淮冬麦区南片的高中水肥地块早中茬种植。

（二）周麦27

审定编号：国审麦2011003

特征特性：春季起身拔节早，两极分化快，抗倒春寒能力一般。株高74厘米，株型偏松散，旗叶长卷上冲。茎秆弹性中等，抗倒性中等。耐旱性一般，灌浆快，熟相一般。穗层整齐，穗较大，小穗排列较稀，结实性好。穗纺锤形，长芒，白壳，白粒，籽粒半角质，饱满度较好。亩穗数 40.2 万穗、穗粒数 37.3 粒、千粒重 42.6 克。高感条锈病、白粉病、赤霉病、纹枯病，中感叶锈病。籽粒容重 794 克/升、蛋白质含量 13.21%；面粉湿面筋含量 28.9%，稳定时间 4.1 分钟。

栽培技术要点：适宜播种期 10 月 10～25 日，每亩适宜基本苗 15 万～20 万苗。

注意防治条锈病、白粉病、纹枯病、赤霉病。

（三）周麦 28

审定编号：国审麦 2013009

特征特性：半冬性中晚熟品种。幼苗半匍匐，苗势壮，叶窄长，冬季抗寒性较好。分蘖力较强，分蘖成穗率中等，早春起身拔节快，两极分化较快，抽穗迟，抗倒春寒能力中等，耐后期高温，熟相中等。株高 76 厘米，株型松紧适中，抗倒性好。穗层较整齐，穗下节间长，叶片上冲，茎叶蜡质重。穗近长方形，穗长码稀，长芒，白壳，白粒，籽粒角质、饱满度较好。抗病性接种鉴定，免疫条锈病、叶锈病，高感赤霉病、白粉病、纹枯病。

栽培要点：10 月 8～20 日播种，亩基本苗 14 万～22 万。注意防治白粉病、纹枯病和赤霉病等病虫害。

（四）豫教 5 号

审定编号：豫审麦 2011002

半冬性、矮秆、中熟，成熟期与对照品种"周麦 18 号"相当；幼苗半匍匐，苗势壮，冬季抗寒性较好，起身拔节期生长稳健，穗层整齐，闭颖授粉，对倒春寒不敏感，亩成穗数适中；旗叶上举，穗、叶色灰绿，穗下节较短，株型松紧适当，株高适中（75 厘米上下）；穗较大、均匀，小穗排列较密，籽粒白色半角质，饱满度较好，黑胚率低，外观商品性好；中抗白粉病，对赤霉病避病兼抗扩展，高抗条锈、叶锈和纹枯病，田间自然发病较轻；产量三要素协调，适应性强，稳产性好，高产潜力大。容重802克/升，蛋白质 14.77%，湿面筋 31.3%，稳定时间 3.0 分钟，属优质中筋品种。

栽培技术要点：春季注意预防倒春寒，推广前氮后移技术，预防后期早衰。

（五）众麦一号

审定编号：豫审麦 2004019

半冬性中晚熟品种。幼苗半匍匐，长势壮，叶色深绿，分蘖力强，抗寒性好，春季两极分化慢，分蘖成穗率一般；旗叶宽大上举，长相清秀，叶片功能期长；株形紧凑，株高 70~75 厘米，茎秆粗壮，抗倒性好；穗层较厚，穗长方形，小穗排列较密，穗粒数较多，饱满度好，黑胚率高；亩成穗 39 万左右，穗粒数 38~44 粒，千粒重 41 克左右；丰产、稳产性好，成熟落黄好。中抗叶锈和叶枯病，中感白粉、条锈病和纹枯病。容重 789 克/升，蛋白质含量 14.73%，湿面筋 29.6%，稳定时间 6.2 分钟。

栽培技术要点：做好一喷三防工作，注意防治小麦白粉病、赤霉病、黑胚病。

（六）百农 207

审定编号：国审麦 2013010

特征特性：半冬性中晚熟品种，全生育期 231 天，比对照周麦 18 晚熟 1 天。幼苗半匍匐，长势旺，叶宽大，叶深绿色。冬季抗寒性中等。分蘖力较强，分蘖成穗率中等。早春发育较快，起身拔节早，两极分化快，抽穗迟，耐倒春寒能力中等。中后期耐高温能力较好，熟相好。株高 76 厘米，株型松紧适中，茎秆粗壮，抗倒性较好。穗层较整齐，旗叶宽长、上冲。穗纺锤形，短芒、白壳、白粒、籽粒半角质，饱满度一般。平均亩穗数 40.2 万穗，穗粒数 35.6 粒，千粒重 41.7 克。抗病性接种鉴定，高感叶锈病、赤霉病、白粉病和纹枯病，中抗条锈病。品质混合样测定，容重810克/升，蛋白质含量14.52%，面粉湿面筋含量34.1%，面团稳定时间5.0分钟。

栽培技术要点：10月8～20日播种，亩基本苗12万～20万。注意防治纹枯病、白粉病、叶锈病和赤霉病等病虫害。

(七) 太学7号

审定编号：豫审麦2011019

特征特性：半冬性多穗型中晚熟品种，平均生育期231.9天，比对照品种周麦18号晚熟约0.3天。幼苗半匍匐，叶色浓绿，苗期长势壮，冬季抗寒性一般，分蘖率一般，成穗率较高；春季返青起身较早，两极分化快，苗脚利索；成株期株型略松散，旗叶及下部叶片较小，蜡质厚，穗下节长，株行间通风透光性好，株高79.7～91.9厘米，茎秆偏细，抗倒性中等；穗长方型，穗层厚，短芒，穗较大，结实性好，受倒春寒影响有缺粒现象；较耐后期高温，叶片功能期长，熟期偏晚，成熟落黄一般；籽粒白色，半角质，饱满度较好，有黑胚。产量构成三要素：亩成穗数39.0万，穗粒数32.6粒，千粒重45.1克。中抗纹枯病和叶枯病，中感白粉病、条锈病、叶锈病。

栽培技术要点：最佳播期10月10日，注意防治赤霉病、叶枯病。

(八) 濮麦26号

审定编号：豫审麦2012013

特征特性：属半冬性大穗型中熟品种。幼苗半直立，苗期长势旺，叶片宽大，叶色浅绿，冬季抗寒能力一般；春季返青起身快，两极分化快，苗脚利索，抽穗早；成株期株型稍松散，穗下节长，穗层不整齐，旗叶长、半披，下部叶片大，平均株高77厘米，茎秆较粗，弹性一般；长方形穗，短芒，穗较大、均匀，结实性较好；穗粒数较多，籽粒半角质，黑胚少，饱满度中等。2010年经河南省农科院植保所鉴定：中抗叶枯病，中感白粉病、条锈病、叶锈病、纹枯病。

栽培技术要点：最佳播期 10 月 10~25 日；高肥力地块每亩播量 8~9 公斤，返青拔节后看苗情每亩追施尿素 4~5 公斤，灌浆期喷施磷酸二氢钾，增加粒重；中后期注意防治白粉病、锈病、蚜虫等病虫害。

（九）豫麦158

审定编号：国审麦 2014004

特征特性：半冬性中晚熟品种。幼苗半匍匐，苗势壮，叶片细卷，叶色浓绿，冬季抗寒性较好。冬前分蘖较多，成穗率一般。春季起身拔节较快，两极分化快，耐倒春寒能力较好。后期耐高温能力较好，熟相好。株高 80 厘米，茎秆弹性中等，抗倒性较好。株型稍松散，旗叶窄长，上冲，穗层整齐。穗长方形，长芒，白壳，白粒，籽粒椭圆形，半角质，饱满度较好，黑胚率偏高。抗病性鉴定，中抗条锈病，高感叶锈病、白粉病、纹枯病、赤霉病。

栽培技术要点：适宜播种期 10 月上中旬，亩基本苗 12 万~20 万苗，注意防治叶锈病、赤霉病、白粉病和纹枯病。

（十）郑育8号

审定编号：豫审麦 2014008

特征特性：株高 72 厘米，幼苗半直立，叶片宽长，叶色浓绿，冬季抗寒性较好，分蘖力强，成穗率高；春季起身早，两极分化快，耐倒春寒能力好；成株期株型松紧适中，蜡质层厚，旗叶宽短上冲，穗下节间短，茎秆弹性强，抗倒伏；穗纺锤形，长芒，籽粒白粒，半角质，饱满度好。根系活力好，叶功能期长，较耐后期高温，成熟落黄好。郑育 8 号是周麦 16 与百农 64 杂交选育而成的，在综合了周麦系列大穗、超高产等丰产基因的基础上，吸收了百农系列抗病抗逆等抗性基因。抗病鉴定：2011—2012 年河南省农业科学院植保所接种鉴定：中抗条锈病，中抗叶锈病，中抗白粉病。

栽培技术要点：适宜播期 10 月 5～25 日，每亩播量 8～10 公斤，每亩基本苗 18 万左右，晚播应适当加大播量。及时防治蚜虫、赤霉病、锈病、白粉病等。

（十一）周麦 32

审定编号：豫审麦 2014001

特征特性：属半冬性中晚熟强筋品种。幼苗匍匐，叶片窄长，叶色浅绿，冬季抗寒性一般；分蘖力强，成穗率较高，春季起身拔节快，两极分化快；株型松紧适中，旗叶宽短，上冲，穗下节短，穗层较厚，平均株高 74 厘米，茎秆弹性好，抗倒伏能力强；穗纺锤形，长芒，白粒，卵圆形，角质；根系活力好，叶功能期长，耐后期高温，成熟落黄好。抗病鉴定：2011—2012 年经河南省农业科学院植保所接种鉴定：高抗条锈病，中感叶锈病、白粉病和纹枯病，高感赤霉病。

栽培技术要点：10 月 8～25 日播种，高肥力地块亩播量 8～9 公斤，拔节期追肥浇水，预防倒春寒。注意防治赤霉病、叶枯病和蚜虫。

（十二）矮抗 58

审定编号：国审麦 2005008

特征特性：半冬性中熟品种。幼苗匍匐，冬季叶色淡绿，分蘖多，抗冻性强，春季生长稳健，蘖多秆壮，叶色浓绿。株高 70 厘米左右，高抗倒伏，饱满度好。产量三要素协调，亩成穗 45 万左右，穗粒数 38～40 粒，千粒重 42～45 克。高抗白粉病、条锈病、叶枯病，中抗纹枯病，根系活力强，成熟落黄好。一般亩产 500～550 公斤。

栽培技术要点：注意防治穗蚜和赤霉病。

（十三）浚麦 K8

审定编号：豫审麦 2012002

特征特性：属半冬性大穗型品种。幼苗半匍匐，苗期长势好，春季发育慢，抽穗晚。成株期旗叶较宽大，株型半紧凑，穗下节短，株高 75 厘米左右，茎秆较粗。长芒，结实性好；粒大，均匀，半角质，黑胚少，饱满度较好。根系活力好，叶功能期长，灌浆充分。

栽培技术要点：注意控制播量，春季化控结合喷施叶面肥预防倒春寒。

（十四）丰德存麦 5 号

审定编号：国审麦 2014003

特征特性：半冬性中晚熟品种，全生育期 228 天，与对照周麦 18 熟期相当。幼苗半匍匐，苗势较壮，叶片窄长直立，叶色浓绿，冬季抗寒性较好。冬前分蘖力较强，分蘖成穗率一般。春季起身拔节较快，两极分化快，抽穗较早，耐倒春寒能力一般。后期耐高温能力中等，熟相较好。株高 76 厘米，茎秆弹性一般，抗倒性中等。株型稍松散，旗叶宽短，外卷，上冲，穗层整齐，穗下节短。穗纺锤形，长芒，白壳，白粒，籽粒椭圆形，角质，饱满度较好，黑胚率中等。亩穗数 38.1 万穗，穗粒数 32 粒，千粒重 42.3 克；抗病性鉴定，慢条锈病、中感叶锈病、白粉病、高感赤霉病、纹枯病；品质混合样测定，籽粒容重 794 克/升，蛋白质（干基）含量 16.01%，硬度指数 62.5，面粉湿面筋含量 34.5%，沉降值 49.5 毫升，吸水率 57.8%，面团稳定时间 15.1 分钟，最大抗延阻力 754E.U，延伸性 177 毫米，拉伸面积 171 平方厘米。品质达到强筋品种审定标准。

栽培技术要点：适宜播种期 10 月中旬，亩基本苗 12 万 ~18 万苗，注意防治赤霉病和纹枯病，高水肥地注意防倒伏。

（十五）漯麦 18

审定编号：国审麦 2012011

特征特性：弱春性中穗型中晚熟品种。幼苗半直立，长势较壮，叶片短宽，叶色浓绿，分蘖力弱，成穗率高，冬季抗寒性较好。春季起身拔节早，两极分化快，对倒春寒较敏感。株高85厘米，株型稍松散，旗叶宽短上冲，长相清秀。茎秆弹性一般，抗倒性中等。根系活力强，较耐高温干旱，叶功能期长，灌浆速度快，落黄好。

栽培技术要点：10月中下旬播种，亩基本苗18万~24万苗，注意防治白粉病、条叶锈病、赤霉病等病虫害。

第三章　小麦播种技术

一、麦播前如何整地？

麦田整地技术，应以深耕为基础，少（免）耕为方向，简化耕作次数，降低耕作费用，减少能源消耗，做到因地制宜，有针对性地进行合理耕作。

壤土地　关键把握两点，一是要求深耕，二是要求保证小麦播种时具备充足的底墒和口墒。深耕的适宜深度为 25～30 厘米，一般不超过 33 厘米，深耕后效果可维持 3 年，因此，生产上可实行 2～3 年深耕一次。

粘土地　主要包括砂姜黑土和淤土等。粘土地质地粘重，通气性差。适耕期短，耕性差，这类麦田耕作整地的关键在于严格掌握适耕期，充分利用冻融、干湿、风化等自然因素，使耕层土壤膨松，保持良好的结构状态。播前整地可采取少耕措施，一犁多耙，早耕早耙，保持下层不板结，上层无坷垃，疏松细碎，提高土壤水肥效应。

二、小麦播种期病虫害防治措施有哪些？

（一）防治对象

主要是纹枯病、全蚀病、根腐病、杆黑粉病、梭条斑花叶病及蛴螬、蝼蛄、金针虫。

（二）防治方法

一是土壤处理，亩用 50% 辛硫磷乳油 250 毫升，对水 1～2 公斤，拌细干土 20～25 公斤制成毒土，均匀撒于地表，随后翻入土中。全蚀病和梭条斑花叶病发生区，另每亩加入 50% 多菌灵可湿性粉剂 2 ~ 3 公斤混入毒土中撒施。二是药剂拌种，用 3% 苯醚甲环唑悬浮剂 20 毫升加 50% 辛硫磷乳油 20 毫升，对水 0.5 公斤，拌麦种 10 公斤，堆闷 3 小时，晾干即可拌种。全蚀病发生区，杀菌剂改用 12.5% 硅噻菌胺（全蚀净）悬浮剂 20 毫升，拌匀后闷种 6 ~ 12 小时。

三、播期对小麦生长发育有哪些影响？

播期对小麦生长发育的影响主要表现：

播期过早。幼苗期气温过高，造成冬前麦苗旺长，消耗大量养分，主茎提前拔节，越冬期间就会遭受冻害，轻则使小麦不孕小花增加，穗粒数减少；严重的还造成主茎穗冻死，穗数减少，产量降低。

播种过晚。由于气温低，出苗迟，出苗率降低，生长慢，冬前分蘖少，甚至不分蘖，难以形成壮苗，春季无效分蘖数量增多，成穗率低。晚播小麦的主茎叶片数减少，幼穗分化期缩短，穗小，穗粒数少；灌浆期缩短，成熟期推迟，常遇干热风，造成高温逼熟，千粒重降低，减产幅度更大。

适期播种的小麦，不仅能保证早出苗，出全苗，而且可以充分利用冬前适宜的温光条件，通过肥水调控等栽培措施，培育壮苗，使麦苗在冬前单株平均能发生 3 ~ 5 个分蘖，7 ~ 10 条次生根，主茎能长出 6 ~ 7 片叶，达到叶片、根系、分蘖的同步生长。由于壮苗能积累较多的营养物质，幼穗分化期长，为提高分蘖成穗率、争取穗大粒多和保证后期正常成熟，奠定了良好的基础。

四、如何确定小麦的适宜播种期？

适宜播期要根据当地的气候条件、品种特性、土肥水条件和栽培制度等确定。

根据小麦适宜的积温指标确定适宜的播期。小麦在越冬始期达到 6 片叶的壮苗标准，半冬性品种要 0℃ 以上的积温 570～650℃，春性品种要 500～570℃。根据当地气象资料，从日均温稳定降至 0℃ 之日起向前推算，达到既定积温指标的日期即为当地品种的最佳适宜播期，这一日的前后 3 天即为其适宜播期。

根据适宜日均温确定播期。半冬性品种以平均气温稳定在 14～16℃，春性品种在 12～14℃ 时播种为宜。

近年来随着气候变暖，在过去认定的播期播种，常常出现冬前旺长，发育进程加快，冬季和早春冻害时有发生。小麦的适宜播期应适当推迟。

豫东麦区，半冬性品种适宜播期为 10 月 8～15 日，弱春性品种 10 月 15～25 日。

五、晚播小麦应采取什么补救措施？

前茬作物熟期晚，腾不出茬口或正常播种期内干旱或连阴雨等原因均会造成播期推迟，这类麦田通常在冬前苗小、苗弱，春季生育进程快，幼穗分化开始晚、时间短，成熟期比适期播种的小麦推迟 3 天左右，有的年份在灌浆期易受干热风的为害，降低千粒重。

在这种情况下，可采取相应的应变栽培措施进行弥补，从而达到晚播不减产，或降低减产幅度的目的。

（一）选用良种，以种补晚

播种期偏晚时，应选择春性较强的品种，这类品种阶段发育进程较快，营养生长时间较短，易达到穗大、粒多、粒重、早熟丰产的目的。

（二）加大播种量，以密补晚

晚播小麦分蘖显著减少，用常规播量必然造成穗数不足，影响产量。加大播种量，依靠主茎成穗是晚播小麦增产的关键。应注意根据播期和品种的分蘖成穗特性，确定合适的播种量。一般情况下，每推迟播种 1 天，应每亩增加播量 0.5 公斤。播种特别晚的小麦，播量最大可控制到每亩 20～25 公斤。

增施肥料，以肥补晚　必须对晚播小麦加大施肥量，促进小麦多分蘖、多成穗、成大穗，创高产。晚播小麦的施肥方法要坚持以有机肥为主、化肥为辅的施肥原则，做到因土施肥，合理搭配。

提高整地播种质量，以好补晚　早腾茬，抢时早播，要在不影响秋作物产量的情况下，尽力做到早腾茬、早整地、早播种，加快播种进度，减少积温的损失。

精细整地，足墒下种　前茬作物收获后，要抓紧时间深耕细耙，精细整平，对墒情不足的地块要灌水，造足底墒，使土壤沉实，无明暗坷垃，力争小麦一播全苗。晚播小麦播种适宜的土壤湿度为田间持水量的 70%～80%，最好在前茬作物收获前带茬浇水并及时中耕保墒，也可前茬收后抓紧造墒，及时耕耙保墒播种。

六、小麦适宜的种植方式有哪些？

等行距条播　行距一般有 17 厘米、20 厘米、23 厘米等。这种方式的优点是行距较窄，单株营养面积均匀，能充分利用地力和光照，植株生长健壮，对产量水平较低的田块较为适宜。

宽幅条播　行距和播幅都较宽，播幅 7 厘米，行距 20 厘米或 23 厘米。这种方式的优点是：减少断垄，播幅加宽，种子分布均匀，改善了单株营养条件，利于通风透光，适宜中等水平的麦田使用。

宽窄行条播　配置方式有：窄行 20 厘米，宽行 30 厘米；窄行 17 厘米，宽行 30 厘米；窄行 17 厘米，宽行 33 厘米等。这种方式一般在高产区使用，其高产原因：一是株间光照和通风条件得到了改善；二是群体状态比较合理；三是叶面积变幅相对稳定。

七、怎样确定小麦的适宜播种量?

"以地定产、以产定穗、以穗定苗、以苗定种"是确定小麦播种量的原则。即根据每个地块的水肥条件和管理水平，定出该地块的产量指标，再根据预定的亩产量算出所需要的亩穗数，有了亩穗数再根据品种和播期算出所需要的基本苗数，根据需要的基本苗数和种子的发芽率及田间出苗率，算出播种量。计算方法是：每亩播种量（公斤）=亩基本苗数（万）×千粒重（克）×0.01/发芽率%×80%（田间出苗率）。例如，在 10 月 8~15 日播种麦田，确保出苗后基本苗为 16 万~20 万，小麦种子的千粒重按 42 克，发芽率按 90% 计算，每亩播量应为每亩 9.5~11.7 公斤。

八、确定适宜播量应考虑哪些因素?

（一）品种特性

确定适宜播量与品种特性有密切关系，因为在同一地区、同样条件下，不同品种的分蘖能力、单株成穗数、叶面积和适宜的亩穗数都有很大差别。

（二）播期早晚

播期早，冬前积温较多，分蘖多，成穗较多，基本苗宜稀，播量应适当减少，播期晚的相反，因当时温度较低，冬前积温较少，形成的分蘖和成穗数也随之减少，基本苗宜稠，播量可酌情增加。

（三）土壤肥力

确定播量也应考虑土壤肥力水平，肥力基础较高、水肥充足的麦田，小麦分蘖多，成穗也多，应以分蘖成穗为主，基本苗宜稀，播量宜少。地力瘠薄，水肥条件不足的麦田，小麦的分蘖及成穗都受到一定影响，分蘖少，成穗率低，应以主茎成穗为主，基本苗宜稠，播量宜相应增加。

（四）整地质量

近几年，由于旋耕整地较多，许多地块未及时耙实土壤悬虚，或是因为粘土地未掌握好宜耕期坷垃较多的田块，达不到小麦高产栽培的技术要求，可适当增加播量。

九、如何控制播种质量？

（一）足墒下种

足墒下种是指在足墒的条件下播种小麦。足墒的指标是土壤湿度为田间持水量的 80% 左右，即所谓"黑墒"。土壤水分太低，种子难以吸水萌发，只有适宜的土壤湿度才利于种子的吸水与出苗。另外底墒水对改善土壤的物理状况也有一定作用，麦田耕作后，比较疏松，通过浇水可塌实表土，润湿土块，避免苗期土壤下沉而伤根。

要做到足墒下种，一般年份要进行播前灌水，根据秋作物腾茬的早晚、水源的难易情况及麦播的紧迫性，可采取犁过后灌水再耙平播种，先灌水后整地，或播种跟着浇水、出苗后松土等 3 种方式，分别称为蹋墒水、灌茬水和蒙头水。

（二）适宜的播种深度

在深耕细作情况下，小麦根主要分布在 50 厘米土层内，在浅耕粗作情况下，小麦根系分布在 20 厘米土层内，根深才能叶茂，产量才会提高，因此要掌握好播深，小麦的播种深度以 3 ~

4厘米为宜，播种过深，小麦地中茎过长，使不伸长的分蘖节第一节间以至第二节间伸长，出苗过程中消耗养分过多，苗细弱，分蘖少，株内养分积累少，抗冻力弱，冬季和春季有死苗。

播种过浅，种子在萌发过程中因失墒落平，出现缺苗断垄，同时播种过浅分蘖节离地面过近，抗冻力弱。在生产中播种过浅是播种机具造成的，播种过深除技术失误外，耙地不充分，耕层过于疏松，使播种机具下陷也可造成。

由于气候变暖，倒春寒频繁发生，今后河南省小麦播期应比以前晚播5天。

豫南地区的弱春性品种在10月20日以后播种为宜。

中部地区的半冬性品种在10月10～15日以后播种为宜。

豫北地区的半冬性品种在10月5日以后播为宜。

特别是弱春性品种和春季发育快的半冬性品种更要注意播期，做到适时晚播，在控制播期的同时，还要控制播量，高产地块亩播量在6～8公斤，低中产田地亩播量不宜超过10公斤。

（三）播后镇压

镇压的主要作用是进一步压碎土块，沉实土壤，促使土壤下层水分上升（俗称提墒）；同时还可以使种子和土壤进一步密接，有利于早出苗，育壮苗。播后镇压的时间和工具，视土壤水分而定，一般应随播随压。但土壤过湿的麦田，应适当推迟镇压时间，以防板结，影响出苗。

播后镇压不仅能保墒，促进出苗，还能有效防止冻害。这是由于未进行镇压的地块土壤疏松跑墒快，小麦幼苗发育不良，且疏松干燥的土壤在遇到寒潮时，降温更为剧烈，导致小麦冻害加剧，往往比镇压的麦田冻害严重。

（四）缺苗断垄补救

小麦生产上往往由于种种原因造成麦苗出苗不齐，生产上以麦行内15厘米以下没有苗为缺苗，15厘米以上没有苗为断垄。

造成缺苗断垄的原因很多，如耕作粗放，坷垃多；黄墒抢种，底墒不足；播种深浅不一，有漏播、跳播现象；种子质量差，出苗率低；地下害虫为害；种子或土壤处理不当发生药害；土壤含盐过高等等。对缺苗断垄的麦田如不及时采取措施，不仅浪费土地，对产量也会产生很大的影响。一般采取的补救措施有：

1. 查苗补种

出苗后 3~5 天，将同一品种种子用 20℃ 温水浸泡 3~5 小时，捞出后保持湿润，待种子开始萌动时，用小锄或开沟器开沟补种，墒差时顺沟少量浇水，种后盖土踏实。

2. 疏苗移栽

对进入分蘖期仍有缺苗的地段，可就地疏苗补稀，边移边栽，去弱留壮。移栽时覆土深度以"上不压心，下不露白"为标准。栽后随时按实，缺墒时及时浇水，有条件的补施少量速效肥料，以利成活和迅速生长。

十、小麦播多深合适？

小麦的播种深度对种子出苗及出苗后的生长都有重要影响。根据试验研究和生产实践，在土壤墒情适宜的条件下适期播种，播种深度一般以 3~5 厘米为宜。底墒充足、地力较差和播种偏晚的地块，播种深度以 3 厘米左右为宜；墒情较差、地力较肥的地块以 4~5 厘米为宜。大粒种子可稍深，小粒种子可稍浅。

十一、为什么要强调足墒下种？

足墒下种是指在足墒的条件下播种小麦。足墒的指标是土壤湿度为田间持水量的 80% 左右，即所谓"黑墒"、"透墒"。冬前壮苗是小麦高产的基础和关键，而它的前提离不开足墒下种。土壤水分，尤其是耕作层土壤水分状况对小麦种子的萌发有直接关系，休眠的小麦种子一般含水不超过12%，当种子从土壤中吸水使含水量达到种子干重的20%～25%时，胚开始萌动，当含水量增加到50%左右时，小麦种子才能萌发。小麦种子的吸水力一般为8～12个大气压，其吸水速度与吸水量取决于种子吸水和土壤固水的能力。若土壤水分太低，固水能力很强，种子难以吸水萌发，只有在适宜的土壤湿度下，才利于种子的吸水与出苗。另外底墒水对改善土壤的物理状况也有一定作用。

十二、小麦播种常见问题和对策有哪些？

（一）品种选择不当

早中茬播种春性品种，会导致麦苗冬前旺长，不利于安全越冬。

对策：应早划锄，镇压，固根盖垄，保护麦苗安全越冬。

（二）播种过早

播种过早，叶片宽长，生育进程提前，主茎和大蘖冬前幼穗分化进入二棱期，部分出现冬前拔节，冬季遇低温就会发生冻害。

对策：应镇压抑制主茎和大蘖的生长，压后划锄，并浇水施尿素5公斤，必要时用0.2%～0.3%的矮壮素叶面喷洒，抑制生长，抗御冻害。

（三）播种过晚

冬前生长期短，积温不足，导致麦苗生长弱，蘖少。

对策：应以划锄补水为主，三叶期亩施尿素5公斤；土墒差、渗水快的麦田，三叶期后应及时浇分蘖水；土墒适宜或渗水慢的黏土地块冬前不宜浇水，封冻后再锄一次，注意壅土围根，防冻。

（四）播种过浅

小麦播深以 3～5 厘米为宜，播种过浅（不足 3 厘米）麦苗匍匐生长，分蘖节外露，分蘖多而小，不耐旱，易受冻和早衰。

对策：出苗前及时镇压几遍，出苗后结合划锄壅土围根。

（五）播种过深

小麦播深超过 5 厘米，地中茎过长，养分消耗多，出苗慢，叶片细长，分蘖少而小，次生根少而弱，苗黄瘦。

对策：应扒土清株，即用竹耙和铁耙从畦面中央开始，顺垄横搂，当清到最后一行时，把余土拥到畦背上即可。

（六）播量过大

麦苗拥挤、黄瘦、细弱，个体发育差，分蘖很少。

对策：应及时疏苗，特别地头的疙瘩苗早疏、狠疏之后应浇水补肥，以弥补土壤养分过度消耗。

（七）底肥过量

出苗后长势旺，分蘖多，叶片大，通风透光不好。

对策：应在 5 叶时深锄 5～7 厘米，切断部分根系，控制养分吸收，减少分蘖，培育壮苗。

（八）播后墒情不足

出苗慢，心叶短小，叶色淡绿，分蘖晚，茎部叶片暗绿，根少而细。

对策：应及时浇水，无水利条件的要镇压 1～2 遍。

（九）播后土壤过湿

出苗后叶色淡黄，分蘖慢，严重时根系受损，叶尖变白干枯。

对策：应及时中耕散墒，增加土壤通透性，促进根系早发。

（十）播种后出苗不全

出苗后及时检查出苗情况，如有缺苗断垄者及时补种。

对策：一要补种，先浸种催芽，或用 500 倍的磷酸二氢钾溶液浸种 12 小时然后播种。二要移栽，补种后仍有缺苗者应移稠补稀，移栽的麦苗应为有 1～3 个分蘖的壮苗，移栽的深度应上不压心，下不露白，移栽的时间最迟不能晚于小雪，以利缓苗越冬。

第四章 小麦用肥技术

一、小麦需肥特性是什么？

据试验，小麦的最高产量和土壤的基础产量（不施肥产量）极其相关。产量越高，对地力的依赖性越大。

小麦在不同生育期吸收氮、磷、钾养分的规律基本相似，一般氮的吸收有两个高峰：一是从出苗到拔节阶段，吸氮量占总吸氮量的40%左右；二是拔节孕穗至开花阶段，吸氮量占总吸氮量的30%～40%。

根据小麦不同生育期对氮、磷、钾养分的吸收特点，通过措施，协调和满足小麦对养分的需求是争取高产的一项重要措施。

在苗期，初生根幼小，吸肥能力弱，应有适量的氮素营养和一定的磷、钾，促使麦苗早分蘖，早生根，形成壮苗。

小麦拔节至孕穗、抽穗期，植株从营养生长过渡到营养生长和生殖生长并进阶段，是小麦吸收养分量多的时期，也是决定穗粒大小和穗粒数多少的关键时期，因此，适期施拔节肥，对增加穗数和产量有明显的作用。

小麦在抽穗至乳熟期，仍应保持良好的氮、磷、钾营养，以延长上部叶片的功能期，提高光合效率，促进光合产物的运转，有利小麦籽粒的灌浆、饱满和增重，小麦后期缺肥可采取根外追肥。

二、秸秆还田在麦田培肥中有什么作用？

近几年，黄淮海麦区创出亩产600公斤以上的超高产示范田，分析起来，都是在耕层土壤有机质含量 1.2% 以上，氮、磷、钾营养丰富并协调的条件下创出来的。土壤有机质含量高的土壤保水保肥，是创高产的基本条件。目前，我县耕层土壤的有机质含量还不高，提高土壤有机质含量的方法一是增施有机肥，在有机肥缺乏的条件下，主要途径就是秸秆还田。但是在许多地方，大量的作物秸秆和残茬未用于还田，而是置于田边地头以火烧之，浪费了大量的有机质资源，并严重污染了环境。单纯依靠化肥，会使土壤容重、孔隙度等物理性状向不利于小麦生长发育的方向转化，也不能为高产麦田的小麦生长发育提供全面的有机养分和无机养分。

秸秆还田是一项提高土地综合生产能力的技术措施。秋作物收后，直接把秸秆粉碎还田，既能补充作物所需营养元素，又能降解土壤中残留的农药及重金属，还能有效改善土壤团粒结构，防止土壤板结，增强土壤保肥、保水性能，提高农产品的产量和品质，优化麦田土壤的综合特性，增强小麦生产的后劲，据测定，一亩地农作物所产秸秆还田后，相当于给一亩地增加有机质 400 公斤、碳酸氢铵 23 公斤、过磷酸钙 19 公斤、氯化钾 10 公斤。据报道，实施秸秆粉碎还田技术，增产幅度可达 5% ~ 20%。重视秸秆还田，是农业可持续发展不可忽视的大事。

三、秸秆还田时应注意哪些问题？

近年来，麦田在播种前通过玉米秸秆机械粉碎直接还田的面积越来越大，但在生产中也发现不少问题，主要是耕层土壤过虚、播种质量差、小麦病虫害加重等。为消除或减少这些生产问题，应提高秸秆直接还田的质量，做到"及时，细碎，散匀，增氮，塌实，补墒"。

"及时"，就是在玉米收获后要趁玉米秸秆水分含量较高、仍是青秆时及时粉碎。同时，在耕耙时要把秸秆全部翻压入土，适当耙糖压实，使秸秆充分与土壤相融，有利于快速腐烂转化。

"细碎"，就是要注意充分粉碎，翻压入土。

"增氮"，就是要适当增施氮肥，防止土壤碳氮比失调，以利秸秆腐熟，避免微生物与幼苗争氮引起黄苗，造成小麦前期幼苗缺氮。

"塌实"就是避免地虚，同时结合"补墒"，为微生物活动创造一个合适的环境条件，以利秸秆腐熟分解。

此外，必须搞好病虫害防治。由于作物秸秆所带的病菌很容易通过土壤传播，随着秸秆还田全蚀病、纹枯病、根腐病、赤霉病及地下虫、蜗牛呈现加重趋势，应加强防治，可用百菌清500倍混加辛硫磷1 000倍将秸秆喷洒一遍，以减少病原菌和虫卵的为害，确保小麦优质丰产。

四、不同肥料元素与小麦生长的关系如何？

小麦在生长发育过程中，除需要大气中的碳、氢、氧外，还需要消耗土壤中的氮、磷、钾、钙、镁、硫、铁、锰、锌、铜、钼、硼、氯等元素。其中需要量和对产量影响较大的是氮、磷、钾3种元素，称为大量元素，其他称为微量元素。氮、磷、钾在植株不同部位含量不同，氮、磷主要集中在籽粒中，占全株总含量76%和82.4%，钾主要集中在茎秆中，占全株的70.6%。

氮除了一般的生理功能外，对小麦苗期根、茎、叶的生长和分蘖起着重要作用，对拔节期绿叶面积的增大尤为显著。由于叶面积增大，增强了叶片光合作用和营养物质的积累，从而为穗分化，开花和籽粒形成提供了物质基础。在后期施用适量的氮肥，能够提高小麦的千粒重和籽粒的蛋白质含量。

磷能使小麦早生根、早分蘖、早开花，并促进植株体内糖分和蛋白质的代谢，增强抗旱、抗寒能力。小麦开花后，在籽粒形成的过程中能够加快灌浆速度，增加千粒重，提早成熟。

钾能增强光合作用和促进光合产物向各个器官运转。在小麦苗期，钾能促进根系发育，拔节期能增加茎秆细胞壁厚度，促进细胞木质化，使茎秆坚硬，从而增强小麦抗寒、抗旱、抗高温、抗病虫害和抗倒伏能力。在灌浆期，钾素可促进淀粉合成、养分转化和氮素的代谢，使小麦落黄好、成熟早，从而增加产量和改进品质。

小麦虽然吸收硫、锌、硼、锰、铜、钼等元素很少，但这些微量元素对小麦的生长发育却起着不可替代的重要作用。如果小麦缺少某种微量元素，就会出现严重的缺素症状，影响正常生长发育，甚至造成严重减产。例如锌在越冬前吸收较多，返青、拔节期缓慢上升，抽穗到成熟期吸收量最高，占整个生育期吸收量的43.3%。小麦幼苗生长阶段，锰营养不足会使麦苗基部出现白色、黄白色、褐色斑点，严重的叶片中部组织坏死、下垂。锰对小麦的叶片、茎的影响较大，缺锰的植株叶片和茎呈暗绿色，叶脉间呈浅绿色。缺硼的植株发育期推迟，雌雄蕊发育不良，造成小麦不能正常授粉、结实而影响产量。

五、影响小麦施肥量的因素有哪些？

（一）肥料质量影响

一般迟效肥料如土杂肥、厩肥等，氮素有效含量低、分解也慢，当季作物的利用率较低，因而施用量易大。硫酸铵等速效肥料的利用率较高，在有效成分含量相等的情况下，施用量相对要减少一些。一般有机肥的当季利用率为20%～25%，氮肥为30%～50%，磷肥为10%～20%，钾肥为40%～50%。

（二）土壤肥力影响

由于土壤质量和肥力基础不同，达到同样数量的小麦单产所需肥料的数量相差很大。一般由于土壤肥力的不同，在不施肥情况下，当季每亩小麦的产量相差 50～150 公斤。因此，不施肥情况下的产量值，是计算施肥量时应考虑的因素。

（三）前茬作物影响

小麦前茬若是豆科作物，则土壤肥力消耗少；若是玉米、高粱、甘薯等作物，则肥力消耗大，需要补充较多的肥料才能达到一定的产量。晚茬小麦因播种迟、气温低、肥力分解慢、植株生长初期吸收养分能力低，所以，须要补充一些速效性肥料。

（四）施肥方法影响

在灌溉条件下或土壤水分充足时，有利于土壤中有机质的分解，便于小麦吸收利用，肥料利用率就高些。施用腐熟程度好的有机肥、近根施肥、集中施肥、开沟施肥等方法，以及在需肥临界期追肥等都能显著提高肥料的利用率。

六、什么是小麦平衡施肥？

平衡施肥是小麦的正常生长发育需要 16 种营养元素的均衡供应。其中，氮、磷、钾需求量较大，称为大量元素；硼、锰、钼、锌等需求量较少，称为微量元素；钙、镁、硫需求量居中，称为中量元素。尽管不同元素的需求量多少不等，但对小麦的生长发育而言，各种元素是同等重要不可替代的；理论研究和生产实践均已证明，小麦的产量受制于最为缺乏的元素（最小养分限制）。所以，平衡施肥是小麦高产的基本保证。基肥的施用要掌握"有机肥为主，化肥为辅，各营养元素平衡"的原则。

在小麦生育进程中，小麦干物质积累量不断增加，小麦氮、磷、钾吸收总量也随之增加，冬小麦起身以前麦苗较小，氮、磷、钾吸收量较小，拔节期植株开始旺盛生长，拔节期至成熟期，植株吸氮量占全生育期的 56%，磷占 70%，钾占 60% 左右。

小麦吸收的氮素，约有 2/3 来自土壤，1/3 是当季肥料供给的。所以，小麦目标产量是根据土壤肥力水平和常年高产试验而得出的。据调查，黄淮海麦区高产田缺钾，部分麦田缺磷。只有根据上述小麦的需肥量和吸肥特性、土壤养分的供给水平、实现目标产量的需肥量、肥料的有效含量及肥料利用率，配方施肥，才能达到小麦需肥与供肥的平衡，获得小麦高产优质高效。

七、怎样做到科学施肥？

第一，尿素、碳酸氢铵等氮肥不能浅施、撒施或施用浓度过高。尿素是酰胺态氮肥，含氮较高，施入土壤后除少量被植物直接吸收利用外，大部分须经微生物分解转化成铵态氮才能被作物吸收利用。碳酸氢铵的性质不稳定，若表层浅施利用率非常低，同时氮肥浅施追肥量大，浓度过高，挥发出的氨气会熏伤作物茎叶，造成肥害。正确施用方法是：氮肥作追肥应开沟条施，深度 5～10 厘米，施后盖土。

第二，钙、镁、磷肥不能作追肥。钙、镁、磷肥在水中不易溶解，肥效缓慢，不宜作追肥。特别是在小麦生长中期以后作追肥，其利用率低，效果差。正确施用方法是：钙、镁、磷肥作基肥与有机肥混施。

第三，过磷酸钙不能直接拌种。过磷酸钙中含有 3.5%～5% 的游离酸，腐蚀性很强，直接拌种会降低种子的发芽率和出苗率。正确施用方法是：作种肥时应施在种子的下方或旁侧 5～6 厘米处，用土将肥料与种子隔开。

第四，锌肥与磷肥不能混合施用。由于锌、磷之间存在严重的拮抗作用，将硫酸锌与过磷酸钙混合施用后，将降低硫酸锌的肥效。正确施用方法是：锌肥与磷肥应分开施，分别作基肥、苗肥施用，这样能提高磷、锌肥的肥效。

八、小麦施用化肥有哪些原则？

（一）增施最缺乏的营养元素

小麦施肥需要首先弄清土壤中限制产量提高的最主要营养元素是什么，只有补充这种元素，其他元素才能发挥应有的作用。如近年来，随着麦田氮素化肥用量的增加，增施氮肥的效果不太明显，土壤中磷素就成为限制产量提高的最小养分，增施磷肥可显著提高小麦产量。

（二）有机肥与化肥配合

有机肥即指含有机质较多的农家肥，具有肥源广，成本低、养分全、肥效长，含有机质多，能改良土壤等优点。它不仅含有小麦生长必需的氮、磷、钾三元素，还含有钙、镁、硫、铁，以及一些微量元素。有机质经过腐殖化后，可形成一定数量的腐殖质，能促进土壤团粒结构的形成，改良土壤的理化性状，改善耕作性能，提高土壤肥力，同时可促进土壤微生物活动，加速土壤养分有效化过程和提高化学肥料利用率等良好作用。化肥具有养分含量高、肥效快等优点。由于小麦需肥较多，营养期较长，一方面在整个生长期需要源源不断供给养分；另一方面，在小麦的关键生育时期需肥较多，出现需肥高峰期。因此，化肥同有机肥配合施用，可以弥补有机肥含养分较低，肥效缓慢的弱点，能及时满足小麦生长发育的养分需要。对于高产麦田来说，一般亩施有机肥应在 3 000 公斤以上，或者新鲜碎玉米秸 3 000～5 000 公斤，也可施入 50～100 公斤饼肥或猪粪。实践证明，只有以有机肥为主，有机肥和化肥配合施用，才能保证小麦连年持续增产。

（三）底肥与追肥配合

小麦从出苗到返青对氮的吸收量占总量的 1/3 以上，从出苗到拔节对磷、钾的吸收量占总量的 1/3 左右。因此，麦田施用化肥应以底肥为主，追肥为辅。一般中高产麦田（优质强筋小麦除外）化肥底施和在拔节期追施的比例以总施氮量的7∶3或6∶4效果最好。麦田追施化肥一定要注意结合浇水。

（四）注意土壤质地、茬口和光温条件

粗质砂性土壤与中等质地的壤土和细质的粘土相比，养分亏缺的可能性大，保肥能力也差，应增加施肥量，并采用分次施肥的办法，避免因一次集中施肥而使养分流失，对于前茬作物生育期长、养分消耗多、土壤休闲时间短的麦田，应增加施肥量，以满足小麦增产的需要；在温度偏低、光照不足的气候条件下，小麦生育进程缓慢，充足的氮素供应可延长营养生长的持续时间，但对生殖生长不利，应适当控制氮肥而相对增加磷钾肥的使用量。此外，水浇地使用化肥的增产作用明显大于干旱条件，因此水浇地化肥用量可高于旱地。

九、为什么小麦播种过晚时需要增加磷肥施用量？

（一）小麦播种晚，土温低，带来两种不利后果

一是由于温度低，土壤中能被小麦利用的磷素越来越少，就是原来土壤磷素充足的土壤，这时也显得不足了。二是温度低，小麦根系活性弱，不能积极吸收磷素。

（二）磷肥对小麦分蘖有重要作用

晚播小麦减产的主要原因就是分蘖少或不分蘖，磷肥最大的作用就是增加分蘖，因此，在土壤磷肥减少，小麦吸收不强的情况下，要增施磷肥，满足小麦对磷素的要求。

同时，应当注意，过多施用磷肥，会破坏作物的营养平衡，使作物呼吸旺盛，消耗养分，使作物发育不良，产量下降。因

此，也不要过量施用，每亩施普通过磷酸钙60~70公斤，或者施含磷复合肥50~60公斤。

十、小麦如何施好基肥？

（一）基肥的作用

基肥时小麦播种前，结合土壤耕作施用的肥料。基肥的作用首先是提高土壤供肥水平，增强分蘖能力；其次是调整生育期的养分供应状况，使土壤在小麦各个生育阶段都能为小麦提供各种养料。

（二）基肥的种类

基肥以有机肥、磷肥、钾肥和微肥为主，以速效氮肥为辅。圈肥、人粪尿、土杂肥、秸秆沤制等有机肥具有肥源广、成本低、养分全、肥效缓、有机质含量高、能改良土壤理化特性等优点，对各类土壤和不同作物都有良好的增产作用。因此，基肥施用应坚持增施有机肥，并与化肥搭配使用。

适宜作基肥的化学肥料有以下几种：①氮肥 碳酸氢铵、尿素、硫酸铵、氯化铵等。②磷肥 过磷酸钙、钙镁磷肥、重过磷酸钙等。③钾肥 硫酸钾、氯化钾。④复合肥 同时含两种营养元素和3种元素的分别称为二元和三元复合肥。

（三）基肥的用量

基肥施用量要根据土壤基础肥力和产量水平而定。一般麦田每亩施优质有机肥5 000公斤以上，纯氮13~15公斤（折合碳酸氢铵75~85公斤或尿素28~30公斤）、五氧化二磷6~8公斤（折合过磷酸钙50~60公斤或磷酸二铵20~22公斤）、氧化钾9~11公斤（折合氯化钾18~22.5公斤），硫酸锌1~1.5公斤。推广应用腐植酸生态肥和有机无机复合肥，或每亩施三元复合肥50~60公斤。

（四）基肥的施用技术

土壤基础肥力较低和中低产水平麦田，要适当加大基肥施用量，速效氮肥基肥与追肥的比例以 7：3 为宜。土壤基础较高和高产水平麦田，要适当减少基肥施用量，速效氮肥基肥与追肥的比例以 6：4 为宜。有机肥、磷钾肥和微肥于耕作前一次施入。

十一、麦田为什么要做到有机肥与化肥配合施用？

有机肥即指含较多有机质的农家肥，具有肥源广、成本低、养分全、肥效长、含有机质多、能改良土壤等优点。它不仅含有小麦生长必需的氮、磷、钾三要素，还含有钙、镁、硫、铁及一些微量元素。有机质经过腐殖化后，形成一定数量的腐殖质，能促进土壤团粒结构的形成，改良土壤的理化性质，改善耕作性能，提高土壤肥力，同时促进土壤微生物活动，加速土壤养分有效化过程和提高化学肥料利用率等良好作用。

化肥具有养分含量高、肥效快等优点，化肥同有机肥配合施用，可以弥补有机肥含养分较低，肥效缓慢的弱点，能及时满足小麦生长发育的养分需要。实践证明，只有以有机肥为主，有机肥和化肥配合施用，才能保证小麦连年持续增产。

十二、怎样才能提高麦田肥料利用率？

麦田施肥是实现高产稳产的重要措施，但由于农家肥施用少，化肥施用不科学，不合理，化肥利用率仅有 35% 左右，不仅造成资源浪费，而且污染环境。

（一）增施有机肥，培肥地力

有机肥所含养分全面，肥效较长，对改良土壤，促进化肥肥效的发挥，提高麦田肥力有重要作用。

（二）配方平衡施肥

测土化验土壤各种养分含量，缺啥补啥，缺多少补多少，并且各种肥料配合施用有很好的增效作用。

（三）改进施肥方法

为减少氮素化肥的挥发损失，底肥应深施，拔节期撒施应随撒随浇水，使肥料尽快渗入土壤。磷肥与有机肥混合后底施。

（四）综合采取各种增产措施，发挥肥料的最大增产效益

通过安排最佳播期、合理密度、防控病虫害等措施，可使较少肥料发挥较大的增产效果。如果一味地增加肥料而忽视其他措施的运用，结果是既加大了成本，又得不到相应的高产。

十三、在追肥上为什么要抓住两个关键时期？

掌握最佳追肥时期对于提高施肥效果很重要。与其他作物一样，在生长过程中有两个关键的追肥时期，即作物营养临界期和营养最大效率期。前者追肥对作物的生长发育影响较大，而后者追肥则肥效明显。

（一）作物营养临界期

是指作物在生长发育过程中，常有一个时期对某种养分的要求在绝对数量上并不多，但需要的程度却很迫切。此时如果缺乏这种养分，作物生长发育就会受到明显的影响，而且由此所造成的损失，即使在以后补施这种养分也很难恢复或弥补。

磷对促进根系发育有明显的作用，其营养临界期在小麦幼苗期，这时正是由种子营养向土壤营养的转折时期。由于根系还很弱小，吸收能力差，所以苗期需磷十分迫切。

氮的临界期出现一般比磷晚些，往往是在营养生长转向生殖生长的时候。冬小麦是在分蘖和幼穗分化两个时期。生长后期补

施氮肥，只能增加茎叶中氮素含量，对增加穗粒数或提高产量已不可能有明显作用。

（二）营养最大效率期

是指在生长过程中，有一个时期作物吸收养分的绝对数量最多，吸收速度最快，施肥的增产效率也最高。冬小麦的营养最大效率期出现在拔节到抽穗期，此时生长旺盛，吸收养分能力强。农业生产上，常采用适时追施氮肥的方式，以满足作物对养分的最大需要，可获得最佳的施肥效果。

十四、怎样进行小麦的根外追肥？

根外追肥（又称叶面追肥），就是指不将肥料施入土壤，而是施在作物的地上部器官，通过地上部器官来获取肥料中的有效养分。

根外追肥要"看天、看地、看长相"。"看天"就是要根据天气情况进行追肥，应选择在晴天无风时进行；"看地、看长相"就是根据土壤营养状况、小麦长势、长相而确定追施肥料的种类和数量，也可和后期病虫害防治结合进行。抽穗到乳熟，如叶色发黄、脱肥早衰麦田，应喷施 1%～2% 尿素溶液；有可能贪青晚熟的麦田，喷施 0.2%～0.4% 磷酸二氢钾溶液，可起到预防干热风的作用。

十五、小麦叶面施肥有什么作用？

小麦喷施叶面肥，可以提高小麦分蘖成穗率，增强小麦抗病能力，促进小麦生殖生长，提高穗粒数，延长叶片功能和灌浆时间，促进小麦籽粒饱满，提高小麦千粒重。在小麦孕穗期和灌浆期喷施叶面肥 1～2 遍，一般可增加穗粒数 2～3 粒，千粒重提高2～3 克，亩产量可增加 35～50 公斤，增产效果明显。同时可提高籽粒蛋白质含量，改善加工品质。小麦生产上一般喷施磷酸二氢钾、硫酸锌、硼锌铁镁肥等。

十六、为什么说低温施碳铵肥效胜尿素？

作物在冬季及早春低温季节施碳铵肥比尿素效果好：

（一）肥效快

碳酸氢铵属铵态氮肥料，施入土壤后作物可以直接吸收利用，而尿素属于酰胺态氮肥，需要在土壤中脲酶的作用下转化为铵态氮才能供作物吸收。尿素转化成铵态氮主要取决于当时的土壤温度，在正常情况下，施入土壤中的尿素全部转化为铵态氮，在地温为 $10\,℃$ 时需要 $7\sim10$ 天，$20\,℃$ 时需要 $4\sim5$ 天，$30\,℃$ 时需要 $2\sim3$ 天。

可见冬季和早春追肥，用碳铵比尿素见效快，如果施用尿素，还往往会因为肥效发挥缓慢而影响作物生长。

（二）利用率高

碳铵在温度低于 $20\,℃$ 的情况下极少挥发，施入土壤后，铵离子能被土壤胶体迅速吸附，其吸附力是尿素的 8 倍，因此，不易随水流失。而尿素施入土壤后，在未转化为铵态氮之前呈分子状态存在，很难被土壤胶体吸附，容易流失。

（三）效果好

试验结果表明，冬季麦田追碳铵，其效果比在高温季节施用提高 $1\sim1.5$ 倍。

十七、为什么雪中撒化肥小麦可增产？

为了加强小麦冬季管理，对旱薄地，底肥不足的小麦田块，进行雪中追肥比春季追肥可增产 $8\%\sim15\%$。

（一）小麦雪中追肥的好处

1. 由于温度低，肥料施入后不易挥发和流失，在土壤中停留的时间长，养分被土粒吸附的可能性提高，故养分利用率高。

2. 冬肥春用，肥效长，肥效稳。

3. 解决了旱薄地水利条件不好的麦田，春季不能及时浇返青水、返青肥的难题。

4. 避免了大水漫灌后的养分流失，提高了肥料利用率。

（二）雪中追肥的方法

麦田覆盖积雪 5 厘米厚以上，在雪上撒尿素亩用量 8～10 公斤，要撒施均匀。

十八、为什么小麦春肥冬施效果好？

冬季小麦地上部分虽停止生长，但它的根系仍在生长吸收养分，小麦从越冬到返青吸氮量占全生育期吸氮量的 13%，所以冬季必须施肥，这样不仅能满足冬季幼苗缓慢生长的需要，而且也解决春季低温、干旱、利用率低的问题，而且能促早返青，对巩固分蘖，促进分蘖，培育冬前壮苗，提高成穗率有好处。

春肥冬施的方法是：对群体小的二三类苗或底肥不足的麦田，或早播脱肥的麦田，结合冬灌亩施标准氮 10～15 公斤（折合尿素 5～8 公斤）。对苗全、底肥足的壮苗不能施。

十九、为什么小麦冬浇人粪尿好？

（一）浇人粪尿的效益

人粪尿来源广，是不用花钱的复合肥。每 500 公斤鲜尿相当于 25 公斤标准氮肥，9 公斤过磷酸钙，4 公斤硫酸钾，有机质 15 公斤。据试验，每亩麦田浇尿 125～250 公斤，可增产小麦 25～50 公斤。

（二）浇尿的理由

冬季气温低，蒸发量小，浇人粪尿后可渗到耕层里，经过漫长的冬季，尿液中的养分在土壤中慢慢分解，到第二年春小麦返青时正赶上需要，因此，冬季麦田浇尿是解决小麦返青时氮肥不足的有效措施。再者尿液结冰点比清水低，浇尿后，麦田不易上冻，有利麦苗安全越冬。

（三）浇尿的方法

冬季浇尿，每亩用量400～600公斤，浇时应掌握以下几点。

1. 时间在立冬后到清明前，但以封冻后解冻前这段时间最好。这时温度低，挥发少，封冻前一天内都可浇，但要兑适量的水稀释，以防烧苗。封冻后要在中午化冻时浇，以利尿液下渗。

2. 土壤肥沃，氮肥较多，旺苗、壮苗不宜浇。

3. 积雪多的麦田不要浇。

4. 盐碱地麦田不宜浇，因为尿中含有氯化钠，会增加土壤含盐量，影响麦苗生长。

5. 开沟浇施的，施后封埋严，泼浇的浇后中耕，以防板结，以利保肥保墒。

二十、如何给小麦施微肥?

微肥和氮、磷、钾一样是小麦生长、发育、开花结实不可缺少的营养元素。

（一）小麦播种前用锌肥作基肥

解决土壤供锌状况，一般每亩1.5～2.0公斤硫酸锌，可增产小麦8%～13%。为了施用均匀，每亩可用15公斤细干土与锌拌匀撒施垡头，过后耙糖，锌肥作基肥一般2～3年施一次。

（二）微肥拌种，可满足小麦苗期对微肥的要求

方法是用相当于小麦种子重量10%的水将微肥溶解，然后

将微肥溶液均匀洒在种子上，边洒边拌，晾干备用。因微肥品种不同，拌种用量也不同，锌肥每公斤小麦种子需要 4 克，而钼酸铵仅需 0.5 克。

（三）叶面喷施

微肥叶面喷施是一种效果较佳的补微措施，喷锌常用浓度为 0.2% 水溶液，喷的最佳时间是小麦拔节期，如果在苗期和拔节期各喷一次效果更好，可增产 12% 左右。喷硼肥和钼肥应在小麦拔节至孕穗期，硼常用浓度为 0.2%，钼肥常用浓度为 0.05%，喷时最好在下午，喷时应以叶上湿而不滴水为宜，喷后遇雨应重喷。

二十一、为什么小麦施用锌肥增产效果明显？

锌是小麦生长发育所必需的微量元素之一，随着小麦的产量不断提高和施氮、磷、钾量不断增加，施锌就越来越重要。由于小麦每年从土壤中带走锌元素已超过土壤的供应量，造成土壤缺锌，成为小麦高产的限制因素。试验证明，在前茬为玉米的沙壤土地块，每亩施有机肥 5 000 公斤，尿素 30 公斤，过磷酸钙 50 公斤的基础上，其施锌增产效果明显。

（一）锌肥能促进小麦营养器官的生长

在基本苗 14.25 万株条件下，越冬前每亩施锌 1 公斤，比不施锌肥的单株次生根 2.62 条增加 0.22 条，单株分蘖比不施锌肥的 2.59 个增加 0.28 个，每亩茎数比不施锌肥的 35.2 万增加 4 万个。起身拔节期亩施锌肥 1 公斤，比不施锌肥的单株次生根 13.8 条增加 1.1 条，单株分蘖比不施锌肥的 6.7 个增加 1.07 个，每亩茎数比不施肥的 95 万增加 15.6 万个。说明施锌肥能促进小麦根茎及分蘖的生长。

（二）锌肥能增加小麦亩穗数，提高产量

土壤缺锌，小麦在春季返青起身慢，颜色淡绿衰叶多，分蘖成穗少。施锌肥不仅能增加小麦的穗数，而且能显著提高穗粒数、千粒重。每亩施锌 1 公斤比不施锌的亩穗数 32.8 万穗增加 3 万穗，比不施锌的每亩产量 402.5 公斤增 43.9 公斤，增产率 10.9%。其原因：吲哚乙酸具有促进小麦生长的作用，锌是植物体内吲哚乙酸合成所必需的元素，缺锌就会导致这种物质的合成减少。所以施锌后，使体内生长素合成多，加快了分蘖和次生根的生长，从而促进了小麦的生长发育，提高产量。

总之，在土壤缺锌的情况下施锌增产明显，应提倡施用锌肥，施锌量以每亩 1～1.5 公斤为宜，过多会抑制生长。

二十二、怎样进行小麦氮素营养诊断与失调症防治？

（一）小麦氮素营养诊断

分蘖期至拔节期土壤速效氮的诊断指标为：低于 20 毫升/公斤为缺乏；20～30 毫升/公斤为潜在性缺乏；30～40 毫升/公斤为正常；高于 40 毫升/公斤为偏高或过量。当小麦拔节期功能叶全氮量低于 35 毫升/公斤（干重）为缺乏；35～45 毫升/公斤为正常；高于 45 毫升/公斤为过量。

（二）小麦缺氮症状

麦苗均匀地褪绿变黄，叶尖干枯，下部老叶干黄并枯死，植株矮小叶片弱，分蘖少；根系细长，总根量减少；穗形较小。抗病、抗倒伏能力有所增强。

（三）小麦缺氮症的主要原因

砂质土壤、有机质贫乏的土壤及新垦滩涂等熟化程度低的土壤，易发生缺氮；土壤肥力不匀，田间表现为片状缺氮；不施基

肥的田块；大量施用高碳氮比的有机肥料，如秸秆等。

（四）小麦缺氮症的防治措施

培肥地力，提高土壤供氮能力。对于新开垦的、熟化程度低的、有机质贫乏的土壤及质地较轻的土壤，要增加有机肥料的投入，培肥地力，以提高土壤的保氮和供氮能力，防止缺氮症的发生；在大量施用碳氮比高的有机肥料如秸秆时，应注意配施速效氮肥；在翻耕整地时，配施一定量的速效氮肥作基肥；对于地力不匀引起的缺氮症，要及时追施速效氮肥。

（五）小麦氮过剩症状

植株体内含氮有机化合物合成猛增，碳水化合物消耗过多，细胞大而壁薄，含水量增加，长势过旺，引起徒长；叶面积增大，叶色加深，造成郁蔽；机械组织不发达，易倒伏，易感病虫害，产量降低，品质变劣。

（六）小麦氮过剩症原因

前茬作物施氮过多，土壤中残留大量的可溶性氮；追肥施氮过多、过晚；偏施氮肥，且磷钾肥配施不足。

（七）小麦氮过剩的防治措施

根据作物不同生育期的需氮特性和土壤的供氮特点，适时、适量地追施氮肥，应严格控制用量，避免追施氮肥过晚；在合理轮作的前提下，以轮作制为基础，确定适宜的施氮量；合理配施磷钾肥，以保持植株体内氮、磷、钾的平衡。

二十三、小麦缺磷症状及如何矫正？

（一）小麦缺磷症状

缺磷时根系发育受抑制，植株矮瘦，生长迟缓。苗期叶色暗绿，叶尖发焦呈紫红色，叶鞘发紫，下部叶片暗无光泽。不分蘖或少分蘖，穗小，穗上部小花不孕或空粒，千粒重低，抽穗成熟延迟。

（二）缺磷症发生原因

土壤中有效磷含量低，酸性、黏重的土壤，有效磷易被固定而造成缺磷症状的发生；土壤干旱时阻碍磷的扩散，影响磷的有效性；后期小麦遇低温天气影响其对磷的吸收。

（三）缺磷症矫正技术

磷肥多做基肥施用，与有机肥混施减少磷的固定，中性、偏碱性土壤宜施过磷酸钙，酸性土壤宜施钙镁磷肥；苗期缺磷，每亩追施过磷酸钙 35～40 公斤；中后期缺磷，在孕穗扬花期用 0.3%～0.4% 磷酸二氢钾叶面喷施，每次间隔 7～10 天，连喷 2～3 次。

二十四、小麦缺钾症状及如何矫正？

（一）小麦缺钾症状

首先从老叶叶尖开始发黄，然后沿叶脉伸展，叶脉仍呈绿色，变黄部分与键部界限分明，呈镶嵌形，叶片黄化发软，后期常贴于地面，分蘖不规则，成穗少，籽粒不饱满。

（二）缺钾症发生原因

作物收获时从土壤中带走了大量钾，又得不到及时补充，造成土壤有效钾含量低，尤其是砂壤土较明显；土壤中干湿交替使钾固定增加及氮肥施用比例高易导致小麦发生缺钾症状。

（三）缺钾症矫正技术

与其他肥料合理搭配施用，节制氮肥，控制氮钾比例；中后期缺钾，用 0.3%～0.4% 磷酸二氢钾叶面喷施，每次间隔 7～10 天，连喷 2～3 次。

第五章　小麦用水技术

一、小麦不同生育时期的耗水特点如何？

小麦一生中的耗水量受品种，气候，土壤，栽培管理等因素影响很大。一般 500 公斤以上的产量水平，每亩耗水 260～400 立方米，合 400～600 毫米降水。每生产 1 公斤小麦籽粒，大约耗水 800～1 400公斤。

拔节前　温度低，植株小，耗水量较少，耗水量只占全生育期耗水的 30%～40%。

拔节到抽穗　冬小麦进入旺盛生长时期，耗水量急剧增加。由于植株茎叶的覆盖，株间蒸发大大降低，而叶面蒸腾显著增加。该期时间虽短，耗水量却占全生育期的 20%～35%，日耗水量达 2 立方米/亩以上。

抽穗到成熟　冬小麦在这一时期的时间也较短，耗水量占全生育期耗水的 26%～45%，日耗水量达 3 立方米/亩以上。

二、沈丘县小麦生育期内常年降水与耗水之间有多大差距？

据近 30 年气象资料统计分析：沈丘县小麦全生育期内，历年平均降水 285.2 毫米，只能满足最小需水量的 71.3%。其中 80% 以上的年份，降水只有 276 毫米，可满足最小需水量的 69%。总体来说，从降水条件看，我县的小麦生育期降雨量，与高产小麦的需水量相比，有一定差距。

从各个生育阶段降水和需水比较分析，沈丘县的降水不单是总量不足，而且各生育时期需水与降水，在时间上不很吻合。苗期从播种到返青，大多数年份可以满足需要，有利于小麦出苗、盘根、分蘖，形成壮苗越冬；返青后降雨不足，返青至拔节阶段只能满足 54% ~ 65%；拔节至抽穗，只能满足需水的 50% ~ 60%，这一阶段是小麦孕穗期，是小麦的需水临界期，需水量大。虽然有土壤水作一定补偿，但是，要想夺取高产，必须及时浇水，补充降水不足。

三、墒情不足时如何浇好底墒水？

方法有 3 种：一是秋作物收获前带棵浇水。二是整地前浇生茬水。三是耕后浇踏墒水。播前整地应根据前茬和土壤含水量状况，采取相应的整地方法。一般早茬地，底墒充足的，在前茬作物收获后应及时灭茬施肥，及早深耕，并把透、整平、整细，保墒待播。晚茬地前茬作物收获晚，应力争早腾茬，及时灭茬耕翻，耙地整平。

四、小麦冬灌有什么作用？

（一）避免干冻

冬灌后，土壤含水量增加，热容量和导热率相应变大，昼夜温度变幅会减少，近地表气温变幅缓和，防止冻害死苗。

（二）储水蓄墒

冬灌后，水分会以结晶状态存在于土壤中，不会因重力等因素淋失掉，且溶于土壤溶液中的矿质营养也不会淋溶损失，可以较好地保存于土壤当中，因而起到储水蓄墒的功能。

（三）预防春旱

黄淮麦区冬季较长且少降雪，春季也有较长时间的普遍干旱。冬灌能满足小麦的冬季生理活动，并为第二年返青期保蓄水分，做到冬水春用；还给小麦春季顺利及早返青提供充足的水分。

（四）改善土壤结构

在经过了 3 个季节的土壤耕种后，尤其是不合理的土壤耕种，会使土壤板结、耕作层坚硬、块状结构增多。冬灌后，由于冻融交替的作用，会使土壤结构团粒化，小麦的土壤根际环境得到改善。小麦浇冬水过早易导致麦苗过旺生长，不抗冻；浇水过晚，土壤冻结，对小麦根系发育及安全越冬不利。

另外，冬灌可以塌实土壤，粉碎坷垃，消灭越冬害虫；既是保苗安全越冬，早春防旱、防倒春寒的重要措施，又具有明显的增产作用。

五、麦田如何进行冬灌？

冬灌是保证小麦壮苗越冬的一项重要措施，能防止冻害死苗，巩固健壮分蘖，促进根系发育，同时起到踏实土壤，粉碎坷垃，消灭害虫的作用。

（一）冬灌条件

一是看墒情：冬灌的土壤水分指标可掌握 5～20 厘米的土壤含水量，沙土低于 13%～14%，壤土低于 16%～17%，黏土低于 18%～19% 可以冬灌。二是看苗情：单株分蘖 1.5～2 个以上的要冬灌，一般弱苗，特别是晚播的单根苗，最好不要冬灌，否则容易发生冻害，对群体大、长势猛的旺苗，根据田间墒情，可推迟冬灌或不灌。

（二）冬灌时间

一般日平均气温下降至 7～8℃ 时开始，到 3℃ 时停止，即'夜冻日消'灌水正好。冬灌过早，气温高，蒸发量大，收不到应有的效果；过晚土壤冻结，水分不能下渗，地面积水结冰，麦苗在冰层下，易窒息死亡，或者形成冰凌抬起土块，拉断麦根，吊死麦苗。在一天当中，应选择在 9 ~ 16 时浇水。切忌大水漫灌，地面积水，结成冻层。

（三）冬灌的顺序

先灌渗水性差的黏土地和低畦地，后灌渗水性强的沙土地，先灌底墒不足，或表土墒较差的二三类麦田，后灌墒情较好的播种较早并有旺长的麦田。

（四）冬灌标准

小麦冬灌的水量不宜过大，以当天浇透且田间不积水为标准。应根据麦田墒情，确定适宜灌水量，一般每亩灌水 30 ~ 50 立方米即可。墒情差的多灌，墒情好的少灌。沙土多灌，黏土少灌。先灌的麦田多灌，晚灌的麦田少灌。一类苗多灌，弱苗少灌。

（五）小麦冬灌后怎样管理

小麦冬灌后的管理主要是划锄松土，弥补裂缝，以利保墒增温，防止透风伤根，造成冻害死苗。

六、小麦后期灌水的重要性及注意事项有哪些？

生产上把小麦从抽穗、扬花、灌浆到成熟，叫做小麦生产后期阶段。这一时期，小麦对土壤水分的要求，虽不像中期那样多，但仍然需要有足够的肥水来保证正常生长。麦田适宜的土壤含水量为 65% ~ 80%，一般仍不宜低于 70%；若土壤含水量低于 65%，就会影响小麦吸收养分，影响有机物质的合成和向籽粒中输送，造成秕粒增多，千粒重下降，严重影响产量。

所以说，在抽穗、扬花、灌浆期，保证小麦不受干旱为害是达到保粒增重，夺取高产的重要措施之一。要根据土壤墒情、苗情，适时浇好抽穗、杨花、灌浆和麦黄水，要灌匀、灌透、灌好。浇灌的方法以喷灌为宜，灌水量每亩 25～30m³，以满足小麦对水分的需要，确保小麦高产稳产。特别是灌浆水，不仅满足小麦灌浆对水分的需要，而且能稳定地温，以水调肥提高肥效，防止根系早衰，从而起到以水养根、以根保叶、以叶保粒增重的作用。但是，应注意在大风天气之前，不要浇水，以免造成倒伏而减产。

七、农谚"麦收八、十、三场雨"是什么意思？有什么道理？

"麦收八、十、三场雨"这句农谚的意思是：农历的八月、十月和三月，有 3 场好雨，对小麦丰产丰收大有好处。农历八月在小麦播种以前。这时下一场好雨，底墒充足，易保证一播全苗，苗匀苗壮，为小麦丰产奠定基础。农历十月正是小麦冬前分蘖盛期，冬前大分蘖成穗率高，而且穗大粒多。这个时期能下一场好雨，可以促进小麦冬前多分蘖，增加大分蘖数量，这对小麦后期亩穗数的多少、产量高低，有决定性的作用，影响很大。农历三月小麦正处在拔节孕穗期，这时下一场好雨，不仅能促进幼穗分化，减少不孕小穗，增加穗粒数，而且还能提高分蘖成穗率，多成穗成大穗。所以，这 3 个时期 3 场雨的有或无，对当年的小麦丰歉影响很大。

第六章 小麦田间管理疑难解析

一、为什么要深耕细耙？

耕层浅，土壤悬虚是小麦产量不稳的主要原因之一。俗话说"耕深加一寸，顶上一茬粪。"深耕不仅能扩大小麦根系的分布范围，增加土壤孔隙度，提高蓄水保墒保肥能力；而且还熟化土壤，为微生物的生存生活和繁殖创造条件，使深层土壤原来不能利用的有机养分和矿物质转化为能利用的物质。另外，也是消灭病虫草害的有效措施。耕后要及时耙糖，耙地越细、次数越多越好，达到上虚下实，地表平整，无明暗坷垃。只有这样才能实现一播全苗，苗齐苗壮，为小麦丰收打好基础。

二、小麦播种时应注意哪些事项？

（一）播前选种
选择适合当地种植的高产优质小麦品种；选用籽粒饱满，均匀一致，无病虫、无破损粒，质量达到国家标准的种子。

（二）播前晒种
晒种 2 ~ 3 天，能提高发芽率和发芽量，出苗快又齐。

（三）播种期
冬性半冬性品种 10 月 8 ~ 15 日，弱春性品种 10 月 15 ~ 25 日。

（四）播量
半冬性品种 10 月上旬播种每亩 8 ~ 9 公斤，10 月中旬播种每亩 10 ~ 12.5 公斤；弱春性品种 10 月下旬播种每亩 12.5 ~ 15

公斤。

（五）播深

播深控制在 3～5 厘米。

（六）播匀

实行机械条播，采用精播或半精播技术，确保下种均匀一致。

（七）播期病虫害防治

做好土壤处理和包衣或药剂拌种，防治地下虫及种传、土传病虫害。

（八）采用宽窄行播种

一般宽行 27 厘米，窄行 17 厘米，有通风透光和边际优势的利用。

（九）足墒下种

干旱时播种往往会增加播种深度，造成出苗迟、出苗少、苗势弱，极易出现缺苗断垄现象，对产量影响极大，所以要足墒播种。

三、怎样进行小麦苗情诊断？

小麦苗情状况是采取促控措施的依据，诊断苗情的方法：一是植株形态诊断法。二是营养诊断法。前者简便实用，后者由于目前未研制出简捷、准确、方便的诊断仪器，在生产中使用受限制。小麦植株在生长发育过程中的外部形态，如长相、长势和叶色等，一定程度上反映了内部的营养状况和生理变化，可作为采取促控措施的主要依据。

长相是植株及其器官生长状况的总的表现，包括基本苗数及其分布状况，叶片的形态和大小，挺举或披垂，分蘖的发生是否符合叶蘖同伸规律，分蘖消长和叶面积指数的变化情况是否符合高产的动态指标。

长势是指植株及其各个器官的生长速度。经验表明，心叶出生速度能较好地反映长势好坏。当倒二叶（观察时最上一片已展开的叶）刚展开时，心叶已达到它的长度的一半左右者，表明心叶出生较快，麦田健壮，长势良好；如果此时心叶尚未露尖或很小，表明麦苗长势差，不健壮；心叶尚未展开而上片叶已经露尖，表明生长过旺。在正常情况下，长势和长相是统一的。但是，在温度较高、肥水充足、密度较大而光照不足的情况下，可能长势旺而长相不好；在土壤干旱或气温低时，又可能长相好而长势不旺。

小麦的不同生育阶段，由于生长中心的转移和碳氮代谢的变化，叶色呈现一定的青黄变化。氮素变化为主时，叶色深绿，碳素代谢旺盛时，叶色褪淡。苗期以氮代谢为主，干物质积累较少，叶色深绿是氮代谢正常的表现。拔节阶段，幼穗和茎叶生长都大大加快，需要碳水化合物较多，碳氮代谢为主，叶色又变深绿。开花后主要是碳水化合物的形成和向籽转运，叶色又褪淡。如果叶色按上述的规律变化，即表明生长正常，如果叶色该深的不深，表明营养不足，生长不良；该褪淡的不褪，表明营养过头，生长过旺。但必须指出，叶色深浅会因品种的不同而有一定差异，诊断时应该注意到。

四、小麦弱苗如何补救？

小麦出苗后，由于受不利自然条件和栽培措施的影响，往往会形成各种不同类型的弱苗，在管理上要针对其不同类型，采取不同的措施。

（一）晚播弱苗

小麦播种过晚，因气温较低，幼苗生产缓慢，容易形成弱苗。这类麦苗越冬前主茎叶片少，分蘖及次生根少，叶片薄而狭长。补救应以中耕锄草增温为主，促使麦苗健壮生长。对地力较好、基肥较足、墒情好的晚播弱苗主要是中耕保墒，肥水管理宜在返青后进行，并适当控制用肥量；对缺肥麦田，应以促为主，促其健壮生长，返青后每亩施 10～15 公斤尿素。

(二) 深播弱苗

播种过深的麦田，出苗缓慢，一般比正常田块迟 3～5 天出苗，且麦苗叶片短窄，根系发育不良，分蘖小而少。在补救上应及早中耕，改善土壤通透性，结合中耕扒去根部过厚土壤，同时追施 5～7 公斤尿素，以促进根系的生长和幼苗的发育，由弱转壮。

(三) 浅播弱苗

由于播种过浅，分蘖节离地表太近，水分、养分条件差，使根系生长和蘖芽发育受到抑制，因而通常表现为根、蘖减少、不耐寒，易受冻枯死。此麦田应在封冻前结合锄划壅土围根，或在植株地上部分停止生长时，施用有机肥覆盖，覆盖厚度以埋住分蘖节 3 厘米为宜。

(四) 过密弱苗

因播量过大，基本苗过多，个体发育差，麦苗细长瘦弱，叶窄而长，叶色黄绿，次生根少。应先进行中耕疏苗，然后立即浇水施肥。

五、冬前麦苗发黄的原因有哪些？如何防止？

小麦冬前会有些麦苗长势弱、心叶小、根系差、叶片发黄、生长缓慢的情况，必须查清原因，区别情况，分类管理，为后期的丰收奠定坚实基础。

（一）深播黄苗

播种时墒情不足，播种过深，部分苗被压在坷垃下面无法正常直立，使小麦苗瘦弱，叶片细长而黄，不分蘖或少分蘖。

（二）除草剂药害造成黄苗

残留药害：麦苗根系生长不良，根短，无次生根或次生根稀少，出苗缓慢、矮小，新叶僵硬，叶片短窄，叶色不均匀褪绿，叶尖干枯，田间呈片状或顺麦垄方向发生。由上茬玉米田使用苗后除草剂——莠去津残留所导致的药害。

喷施除草剂药害：秋季喷施除草剂过晚，或施药后遇到低温天气，小麦叶片皱缩、扭曲，卡在心叶周围，使其无法伸展，严重田叶片干枯，全田似火烧状。

解救方法：亩用 0.01% 芸苔素或萘酐 20 克，加氨基酸叶面肥或天丰素 50 克，对水 30~40 公斤，叶面、茎基喷雾，严重田一周后再喷一遍。

（三）麦苗悬根导致的黄苗

玉米秸秆还田后，由于秸秆腐熟需要消耗一定量的氮素，底施氮偏少的容易与麦苗争氮而使麦苗发黄，同时秸秆过长、分布不均，整地质量差，播后未进行镇压的，造成土壤悬根使麦苗出现发黄的现象。解决措施：秸秆还田要结合增施氮肥、播前造墒、播后镇压等措施。

（四）整地粗放黄苗

麦播时期，为了抢时播种，麦田犁地时太湿，土壤板结，加之耙地不细，造成土地悬空不实，小麦根系扎得不好，形成缩心、叶黄、苗瘦，麦苗生长缓慢。对这类麦苗要及时镇压，粉碎坷垃，或浇水中耕，塌实土壤，补施肥料，促使转绿壮长。

（五）脱肥缺素黄苗

苗期缺肥，对小麦生长影响很大。缺氮应在麦苗三叶期及时追施分蘖肥，亩施尿素 8~10 公斤；缺磷则亩追过磷酸钙 25 公斤；缺钾时亩追氯化钾 8~10 公斤，或磷酸二氢钾 150 克，对水 50~75 公斤，在叶面喷洒。

（六）麦蜘蛛为害黄苗

麦蜘蛛在春秋两季为害麦苗，以成、若虫吸食叶片汁液，被害麦叶先呈针刺状白斑，后变黄，轻则影响小麦生长，造成植株矮小，发育不良，穗小粒轻，重者叶片呈灰白色，整株干枯，抗灾能力降低。黄淮海麦区以麦圆蜘蛛为主，一年发生 2~3 代，多在上午 8~9 时以前和下午 4~5 时以后活动。防治方法：每亩喷洒 15% 哒螨灵乳油 40 毫升，对水 30 公斤喷雾。秋季由于麦苗小、叶片幼嫩，成螨比例多，食量大，受害症状相对明显，防治工作不容忽视，特别是田边、坟边杂草丛生地是施药重点。

六、小麦出现死苗怎么办？

（一）地下害虫

主要有金针虫、蛴螬、蝼蛄。麦田首先出现点片黄苗，先是心叶失水萎蔫，似开水烫过，逐渐变黄枯死平倒在地面，拔出黄苗，基部已断裂，顺麦垄向两边扩展，沿着麦行一段一段青绿干死，且在死亡麦苗的地下土壤中能找到害虫。蝼蛄为害时，将麦苗嫩茎咬成乱麻状，断口不整齐，并在土表穿行活动成隧道，使根、土分离而缺苗断垄；蛴螬为害时，将麦苗根茎处咬断，断口整齐；金针虫则钻食麦茎嫩心，被害部呈乱麻状，但外皮仍连在一起。从小麦播种后即开始为害种子、嫩芽和幼苗根茎，秋季为害造成缺苗、断垄，春季为害造成后期白穗。

主要原因是在小麦播种期没有做好土壤处理和药剂拌种。出现死苗后，应采取药物防治。撒施毒土：亩用 3% 辛硫磷或甲基异柳磷颗粒剂 3~4 公斤，拌细土 20 公斤，拌匀后施入麦垄内；药水灌根：每亩用 48% 乐斯本或 50% 辛硫磷 0.5 公斤，对水

60~70公斤，顺垄喷洒麦根处，或去掉喷雾器喷片，对受害麦苗基部滴灌，防治蛴螬和金针虫有特效。

（二）病害

小麦根腐病、纹枯病、赤霉病、全蚀病都是造成小麦死苗的主要病害。种子萌发后，种子或土壤中的病菌侵染种子根和芽鞘，最后根系腐烂，病苗黄瘦而死。中后期侵染小麦造成白穗。防治上应在做好种子处理的前提下，于小麦苗期用 12.5% 烯唑醇可湿性粉剂 1 000 倍液喷雾，喷药应喷匀、喷透，使药液充分浸透根、茎。

七、冬前及冬季小麦生长发育特点有哪些？

（一）冬前小麦生长发育特点

从出苗至越冬始期称为小麦的冬前生长发育阶段。该阶段为 10 月上旬至 12 月中下旬，一般要经历 2 个月左右的时间。冬前阶段小麦以营养生长为主。播后 6~7 天开始出苗，出苗后半个月左右开始发生分蘖，11 月上、中旬进入分蘖第一盛期，越冬开始时第一盛期结束，每亩穗数的多少主要决定于这一时期。初生根不断伸长，并发生分枝，吸收利用下层土壤的水分和养分，次生根随分蘖发生而发生，二者之间具有明显的正相关关系；茎节分化完毕，但不伸长；近根叶数目不断增多，单株叶面积逐渐增大，植株体迅速壮大。小麦幼穗在 10 月末或 11 月上旬进入生长锥伸长期，并以二棱期或单棱期进入越冬期。冬前小麦的生理代谢以氮代谢为主，光合产物合成与积累量相对较少。该阶段虽然对肥、水的需求量不多，但肥、水在形成壮苗过程中的作用却不可忽视。

（二）冬季小麦生长发育特点

从越冬始期至越冬结束（返青）称为小麦的冬季生长发育

阶段。该阶段为 12 月中旬至翌年 2 月中、下旬。随地区不同，小麦越冬期的长短差异较大，一般为 1～3 个月。越冬期间小麦仍以营养生长为主：一般单株可发生分蘖 1～2 个，增生次生根 3～4 条，茎仍不伸长，出生叶片 1～2 片。该阶段春性品种幼穗分化处于二棱期，冬性、半冬性品种处于二棱初期或单棱期。这一期间小麦的生理代谢仍以氮代谢为主，光合产物合成量少，但积累量相对较多。越冬期间小麦需水、肥不多，但腊肥和冬灌在生产上具有重要作用。

八、冬前苗情划分标准是什么？

冬前苗情划分标准如下。

一类麦田：每亩茎数 60 万～80 万，单株分蘖 4～6 个，3 叶以上大蘖 2.5～4 个，单株次生根 7～10 条。

二类麦田：每亩茎数 45 万～60 万，单株分蘖 2.5～4 个，3 叶以上大蘖 1.5～2.5 个，单株次生根 5～7 条。

三类麦田：弱苗，每亩茎数 45 万以下，单株分蘖 2.5 个以下，3 叶以上大蘖 1.5 个以下，单株次生根 3 条以下。旺苗，早播麦田每亩茎数 80 万以上，单株分蘖 6 个以上，3 叶以上大蘖 4 个以上，单株次生根 10 条以上。播量偏大麦田，虽然单株分蘖较少，但每亩茎数达 80 万以上，叶片细长，分蘖瘦弱。

九、冬前及冬季麦田管理的主攻方向
　　有哪些？

1. 在适期高质量播种，争取麦苗达到齐、匀、全的基础上，促弱控旺，培育壮苗，促根壮蘖，并协调好供苗生长与养分贮存的关系，保证麦苗安全越冬。

2. 在取得壮苗的基础上，促使根量增多，根系下扎，促进植株健壮生长。

3. 在有效分蘗期后，尽量控制晚生小蘗滋生，提高成穗率。

4. 防止死苗，防治病虫害，为小麦中、后期的健壮生长奠定良好基础。

十、冬前及冬季麦田科学管理措施有哪些？

（一）查苗补种，疏苗补缺

生产上常因耕作粗放，底墒不足，播种过深或过浅，药害、虫害、土壤含盐量过高等，而发生缺苗（10 厘米左右无苗）、断垄（16.7 厘米以上无苗）现象。因此，出苗后应及时查苗补种或补栽。对断垄者，在 1～2 叶期间，用小锄开沟，补种同一品种的种子，墒差时顺沟浇少量水，然后盖土踏实。为促进早出苗，可将种子用温水浸 3～5 小时，或用 0.3% 磷酸二氢钾溶液浸 12 小时，然后捞出保持湿润，待种子萌动时补种。补种措施一般应在出苗后 3～5 天以内完成，最晚不超过三叶期。对缺苗者，不便补种，可将疙瘩苗或其他稠苗、地边苗等移来补栽。补栽麦苗应具 2～3 个分蘗。补栽时，2～3 株 1 墩，补栽深度以"上不压心，下不露白"为宜，并施少量速效氮肥，浇少量水，随后封土压实。对量大而苗多者或田间疙瘩苗，要采取疏苗措施，即在分蘗期根据计划留苗数，去弱留壮，去小留大，保证麦苗密度适宜，分布均匀。

（二）中耕镇压，防旱保墒

中耕可以破除板结，粉碎坷垃，切断土壤毛细管，减少水分蒸发损失；使土壤孔隙度增大，阳光照射下土壤温度升高，促进微生物活动，加速有机物质分解，利于根、蘗生长；同时，中耕亦具有消灭杂草的作用。分蘗始至封冻期间均可进行中耕，尤其是在雨后和灌溉后，田间必须中耕以破除地面板结，弥补土壤裂缝。丘陵旱地，水源缺乏，中耕的保墒作用更加明显。此外，中耕还具有散墒的作用，因此，下湿地耙压保墒防寒。旱地麦田，入冬停止生长前及时进行耙压，以利安全越冬。水浇地如地面有裂缝造成失墒严重时，亦可适时锄地或耙压。

镇压可以压碎坷垃，弥补裂缝，减少土块间的空隙，利于保墒和保证麦苗安全越冬。"大雪"前后镇压，对一般田块具有促根增蘗的作用；对旺长麦田，可以使主茎粗壮，抗寒能力增强，抗旱性提高，抑制大分蘗徒长，缩小大、小分蘗间的差距，促进麦苗健壮生长。但生产上应注意，对土壤过湿、盐碱地、沙土地、播种过深或麦苗过弱的田块，不宜采用镇压措施。

（三）因苗制宜，分类管理

1. 壮苗管理。对壮苗应以保为主，即合理运筹肥（偏心肥）水及中耕等措施，以防止其转弱或转旺。但对不同的壮苗应当采取不同的管理措施：对肥力基础稍差，但由于底墒充足而形成的壮苗，可趁墒追施少量速效肥料，以防麦苗脱肥变黄，保证麦苗一壮到底；对肥力、墒情都不足，但由于做到了适期播种而形成的壮苗，应及早施肥浇水，以防其由壮变弱；对由于底墒、底肥充足，且做到了适期播种而形成的壮苗，冬前一般可不施肥，但要进行中耕，如出苗后长期干旱，可普浇一次分蘗盘根水，如麦苗长势不匀，结合浇分蘗水可点片施些速效肥料，如土壤不实（抢耕抢种），可浇水以踏实土壤或进行碾压，以防止土壤空虚透风。

2. 旺苗管理。旺苗的成因有两种：一是由于土壤肥力高，底肥用量大，墒足，且播种过早而形成的旺苗。这类旺苗冬前主茎叶超过 7 片，上下叶耳间距都在 1.0 ~ 1.5 厘米或更长，叶片肥大，叶色青，越冬时主茎已拔节（第一节间伸长 2 ~ 3 厘米或更长），幼穗分化已过护颖分化期；11 月下旬亩总茎数达到或超过适宜指标，如果任其发展，冬前可超过 100 万。冬季低温来临，主茎和大分蘖往往冻死，春季反而成弱苗。针对这类麦苗，防止措施是适期播种，防治（管理）措施是"把旺苗当成弱苗管"，促控结合，即采取镇压与施肥浇水等措施，以控大（蘖）促小（蘖），争取麦苗由旺转壮。二是由于土壤肥力高，底肥施用量大，播种量过多而形成的旺苗。这类麦苗群体大，冬前每亩总茎数80万以上，叶大色绿，但主茎第一节间尚未伸长，幼穗分化还未进入二棱期。冬季虽不会遭受冻害，但大群体往往导致后期倒伏。针对这类麦苗，防止措施是，减少速效氮肥施用量，降低播量，防治（管理）措施是，控制肥水供应，结合深中耕（深6.7厘米）进行石碌碡压，以抑制主茎和大分蘖旺长，减少小蘖滋生。

3. 弱苗管理。生产上由于误期播种，土壤水分过多或耕作粗放等多种原因，常出现很多类型的弱苗。针对这些弱苗，应抓住冬前温度较高的有利时机，根据具体情况，因地制宜地加强田间管理（如疏松表土，破除板结，结合灌水开沟补施磷、钾肥等），尤其是水肥（冬追肥）管理，争取使麦苗由弱转壮。

（1）晚播弱苗：误期晚播积温不足，苗小，根少，根短。针对这类麦苗，冬前只宜浅中耕以松土，增温，保墒而不宜施肥浇水，以免地温降低，影响幼苗生长。

（2）下湿地、稻茬麦田弱苗：土壤过湿，通透性较差，幼苗新根迟迟不发，分蘖较少，甚至出现死苗现象。针对这类弱苗，应加强中耕松土和田间排水工作，以散墒通气。

（3）整地粗放造成的弱苗：地面高低不平，明、暗坷垃较多，土壤悬松，麦苗根系发育不良，生长缓慢或停止。针对这类弱苗，应采取镇压，浇水，浇后浅中耕等措施来补救。

（4）播种过深造成的弱苗：播种时由于土壤水不足而播种过深，导致麦苗瘦弱，叶片细长或迟迟不出。针对这类弱苗，应采用镇压和浅中耕等措施以提墒保墒，或用竹箆扒去表土，使分蘖节的覆土深度变浅,从而保证幼苗健壮生长。

(5) 盐碱地弱苗:土壤溶液浓度较高,形成生理干旱,麦苗瘦弱。针对这类麦苗,应及早灌水压盐(碱),并于灌后勤中耕以防盐(碱)回升。

(6) 底肥不足造成的弱苗:缺氮时叶窄,色淡,缺磷时苗小,叶黄(叶尖紫),根系不发达。针对这类弱苗,应在灌水之后趁墒追施氮、磷等速效化肥。

(7) 有机肥未腐熟或种肥过多造成的弱苗:幼苗(或种子)灼伤,甚至死亡。针对这类弱苗,应采取及时浇水,并于浇后及时中耕松土的措施来补救。

(8) 遭受病虫为害的弱苗:田间发现有由于地下害虫或根腐病为害而形成的黄苗、死苗时,应积极防治病虫害。

(四) 适时冬灌,春旱冬防

1. 冬灌的作用 冬灌能防寒保苗,其作用:一是水的比热大,可以缓和地温的剧烈变化,防止冻害;二是使分蘖节处在湿土里,免受生理干旱;三是为返青期生长提供充足的水分,管理主动;四是可以踏实土壤,防止冷风侵袭、粉碎坷垃,杀死越冬害虫。冬灌具有明显的增产作用,一般可增产 10% ~ 20%。除多雨年份,土壤湿度较大以外,一般都要冬灌。

2. 冬灌的要求 一是要注意天气变化。冬灌一般要求气温稳定在 3 ~ 5℃,夜冻昼消水分得以下渗时开始,降到 0 ~ 1℃时结束。如果浇水过早,气温偏高,土壤水分蒸发大,不但使蓄水增墒的作用大大降低,而且还易引起麦苗徒长,降低麦苗的抗冻能力。如果冬灌过晚,气温过低,浇后冻结,麦苗易发生冻害,影响来年返青。关中一般在 12 下旬至 1 月上旬。二是要注意苗情、墒情。水分不足的壮苗麦田,要搞好冬灌,以保根增蘖,确保每亩成穗率。瘦弱苗,特别是"一根针"苗,不宜冬灌,以防淤苗、降低地温,影响麦苗生长。如弱苗麦田缺墒时,可把冬水改为返青起身水，以水调肥，使麦苗生长健壮。三是要注意灌水量。当田间持水量在60%~70%时，一般每亩麦田灌水30~50立方米为宜，做到灌水接墒，地面无余水。浇水少，不能接墒，形成冻壳，易"根拔"麦苗；浇水过多，会使麦根受渍，影响其生长发育；若不能完全下渗，易形成"凌截"。冬灌宜采用小畦浇水，切忌大水漫灌。大水漫灌不但增加成本，浪费水源，造成养分流失，而且当遇到突然降温天气时，水分来不及下渗而在地面结冰，容易造成麦苗冻害。四是要注意结合浇水适当追肥。少数底肥不足、麦苗发黄的麦田，要结合冬灌适当追肥。稻茬免耕小麦，冬灌后要用细碎农家肥进行蒙盖，确保麦苗安全越冬。

十一、如何控制小麦旺苗？

小麦旺苗的明显特征为：一是分蘖群体大。如果冬前分蘖数达到80万株/亩以上，春季分蘖达100万株/亩以上者，均视为旺苗。二是长势过旺。年前生长达到25厘米以上，早春生长达到30厘米以上，叶色浓绿，叶片偏长、偏宽、肥大下披，俗称"猪耳朵"。三是植株密集。单株分蘖少，甚至单根独苗，次生根一般只有1~2条。这类麦苗显著特点是群体大、个体弱、叶龄大、分蘖少、长势差，俗称"假旺苗"。旺长麦苗往往造成田间密蔽，光照不足，有机营养不良，地上部与地下部、群体与个体发育不协调。前期易遭受病虫为害，后期容易倒伏，造成穗小粒少，千粒重下降，最终产量下降。

控制小麦旺苗的主要措施：一是打好播种基础。要重施有机肥，大力推广秸秆还田，有效提高土壤有机质含量，改善土壤团粒结构。化肥实行氮磷钾配方施肥，要深耕细耙，达到"深、净、细、实、平"的标准。二是严格适期播种。播种过早或过晚，都会造成小麦生长发育不良。试验证明，半冬性品种是在日平均温度为 14 ~ 16℃、5 厘米地温为 15 ~ 17℃ 为适宜播种期；弱春性品种是在日平均温度 12 ~ 14℃、5 厘米地温为 13 ~ 15℃ 时为适宜播种期。三是精量匀播。精量匀播是创造合理群体结构的关键因素，要根据不同地力水平、不同时期、不同品种做到合理密植，彻底改变盲目大播量的习惯。一般高水肥地、单产在 500 ~ 600 公斤/亩左右的地块，半冬性品种，适期播种播量应控制在 8 ~ 10 公斤/亩，基本苗保持在 14 万 ~ 18 万株/亩；弱春性品种应播 10 ~ 12.5 公斤/亩，基本苗保持在 18 万 ~ 22 万株/亩。四是适当推迟播期。如遇暖冬天气，根据气象部门预测，可适当晚播 3 ~ 5 天。

十二、春季小麦生长发育的特点有哪些？

从返青至抽穗是小麦的春季生长发育阶段。该阶段在 2 月上、中旬开始，到 4 月下旬或 5 月上旬结束，共经历 80 ~ 90 天。春季阶段是小麦营养生长（根、茎、叶、蘖等）和生殖生长（小穗、小花等）同时并进的重要时期。一般自返青以后，随气温、地温升高，根系向下深扎，范围扩大，拔节前后根量增长最快，以后继续增加；茎秆从起身时开始伸长，以后伸长速度越来越快，到抽穗时株高已接近最大值（只差穗下节）；最后几片绿叶迅速抽出，到挑旗时叶片全部抽完；年前分蘖迅速恢复生机，新的分蘖大量滋生（出现第二个盛期），到起身—拔节期间田间总茎数达到高峰，高峰期一过，分蘖便向两极分化，到挑旗时穗数基本确定；幼穗从二棱末期分化到拔节时的雌雄蕊原基分化期，挑旗时的四分体形成期，最后到抽穗时，幼穗体积已增大至相当程度，并逐渐抽出旗叶叶鞘。返青—起身阶段叶面积指数（LAI）为 2 左右，群体最高总茎数达 90 万 ~ 110 万。

春季阶段生长速度快，生物量骤增，同时由于器官建成的多向性，带来了小麦群体与个体的矛盾以及植株生长与栽培环境的矛盾，是决定穗粒数多少的关键时间。小麦生理代谢的特点是，氮代谢旺盛，干物质积累较多，阶段积累量占总积累量的45%~50%。对水肥需求量增多，要求最为迫切。

十三、春季麦田管理的主攻方向是什么？

（1）在前期管理的基础上，促进早缓苗，早返青，力使叶色葱绿，长势苗壮，根系发达。

（2）并根据小麦生育特点及苗情，掌握好外部形态与穗分化的关系，从而准确（适时、适量）地通过水肥管理来协调地上部与地下部、群体与个体、营养生长和生殖生长的矛盾，促进分蘖两极分化，创造合理的群体结构，巩固早期分蘖，提高成穗率，形成足够的穗数。

（3）为幼穗分化创造适宜条件，争取秆壮、穗大、粒多。

（4）保证茎叶健壮生长，并防止倒伏及病虫害，为籽粒形成与灌浆奠定基础。

十四、划分春季苗情的标准是什么？

一类麦田：每亩茎数80万~100万，单株分蘖5.5~7.5个，3叶以上大蘖3.5~5.5个，单株次生根10~15条。

二类麦田：每亩茎数60万~80万，单株分蘖3.5~5.5个，3叶以上大蘖2.5~3.5个，单株次生根7~10条。

三类麦田：①弱苗，每亩茎数60万以下，单株分蘖3.5个以下，3叶以上大蘖2.5个以下，单株次生根6条以下。②旺苗，早播麦田每亩茎数100万以上，单株分蘖7.5个以上，3叶以上大蘖5.5个以上，单株次生根15条以上。③假旺苗，播量偏大麦田虽然单株分蘖较少，但每亩茎数达 100 万以上，叶片宽、长，叶色墨绿，分蘖瘦弱。

十五、为什么早春锄麦增产效果明显？

早春锄麦可减少水分蒸发，提高地温，消灭杂草，增产效果非常明显。实践证明，早春适时划锄的水浇地，5 天后 10 厘米深土壤含水量比不划锄的麦田增加 1.5% ~ 2%，旱作麦田增加 0.5% ~ 1%，白天 5 厘米深土温可升高 0.5 ~ 1℃。

划锄要保证质量，切实做到早、细、匀、平、透，不留坷垃，不压麦苗，真正达到保墒、增温、通气的作用。划锄深度以 3 ~ 4 厘米为宜，划锄要因苗而异。对旺苗和徒长麦田，要在返青时深锄断根，控制地上部的生长、抑制小蘖滋生，促蘖促壮，利于根系下扎，增强根系活力，变旺苗为壮苗。对晚茬麦田，划锄要浅，防止伤根和坷垃压苗。

十六、春季麦田管理措施有哪些？

（一）因时因苗制宜灵活运用肥水

在返青、起身、拔节和挑旗各期，由于肥力水平和麦苗生育状况不同，所以，各期是否要施肥浇水，应根据麦田的具体情况来区别对待。一般肥地壮苗，以稳住穗数，减少无效分蘖，防止群体过大，争取穗大粒多为主，而薄地弱苗以争取足够穗数为主，并兼顾穗大粒重。总体上高产小麦要实行氮肥后移技术。

1. 氮肥后移的作用及措施。①氮肥后移可显著提高小麦的籽粒产量，可明显改善小麦的籽粒品质。研究表明，将 30% ~ 40% 的氮肥作底肥，60% ~ 70% 的氮肥在拔节期追施可显著提高优质强筋小麦籽粒产量，较氮肥全部底施增产 15% 以上；较 50% 做底肥，50% 做追肥增产 8% ~ 12%。氮肥后移不仅可以提高小麦蛋白质含量，还能延长面团形成时间和面团稳定时间，最终显著改进面包加工品质。②氮肥后移的措施。在小麦优质高产栽培中氮肥的运筹一般分为两次，第一次为小麦播种前随耕地将一部分氮肥耕翻于地下，称为底肥，第二次为结合春季浇水进行的春季追肥。传统小麦栽培，底肥一般占 60% ~ 70%，追肥占 30% ~ 40%；追肥时间一般在返青至起身期。氮肥后移技术将底肥的比例减少到 30% ~ 50%，追肥的比例增加到 50% ~ 70%，同时，将春季追肥时间后移，一般移至拔节期，部分高产地块甚至移至拔节至挑旗期。具体为：对分蘗成穗率低的大穗型品种，在拔节初期（雌雄蕊原基分化期，基部第一节间伸出地面 1.5 ~ 2.0 厘米）追肥浇水。分蘗成穗率高的中穗型品种，在地力水平较高的条件下，群体适宜的田块，宜在拔节初期至拔节中期追肥浇水；地力水平高、群体偏大的麦田，宜在拔节中后期（药隔形成期，基部第一节间定长，旗叶露尖）追肥浇水。

2. 返青期肥水。返青期施肥浇水使春生分蘗增加 10% ~ 20%，两极分化时小蘗死亡过程延缓，分蘗成穗率提高，但穗不齐（下棚穗多），主茎或低位蘗的小穗数增加，最后几片叶的面积增大，茎节间比不施肥浇水者略长。对旺苗、群体过大的麦田，可控制肥水，进行深中耕切断部分次生根，促进分蘗两极分化，防止过早封垄而发生倒伏。一般丰产条件下，这次肥水常导致群体过大，后期发生倒伏，穗重降低。因此，在肥力较高且冬季已施肥浇水的麦田，返青期肥水可以不用，但需要进行中耕或顶凌耙压以保墒，或深中耕伤根以控长势，促进麦苗早发稳长。而对于群体较小、苗弱的麦田或晚茬麦田、旱地麦田、早播脱肥麦田或其他弱苗田，返青期肥水有良好的作用，可在起身初期趁春季解冻"返浆"之机开沟追肥，浇水，提高成穗率。干旱年份，墒情不足时应及时浇返青水，并中耕除草，防旱保墒。

3. 起身期肥水。起身期施肥浇水，分蘗成穗率提高幅度大于返青期肥水处理；同时下棚穗减少，穗较齐，且穗大粒多，还能促进顶3叶的生长和基部1~3节间的伸长。对群体较小的壮苗，这次肥水的效果最好；对群体大小适当且冬季未施肥的麦田，此期肥水也有较好的效果；对群体过大且返青时进行过深中耕控制的麦田，此期应少施或不施肥；对冬前旺苗或壮苗，返青后脱肥的麦田，该期肥水决不可少；对中产田弱苗、晚在弱苗，此期的肥水效果远不如返青期肥水的效果。

4. 拔节期肥水。拔节期施肥浇水，明显减少无效分蘖，促进大蘖成穗，提高分蘖成穗率，使穗整齐；不孕小穗和退化小花数目减少，穗大粒多；旗叶、旗下叶及穗下节生长健壮，光合强度提高。对高产田来说，此次肥水很重要，即壮苗的春季第1次肥水应在拔节期实施，而对旺苗需推迟拔节期水肥。此外，起身期追肥浇水的麦田，在拔节期控制肥水。高产小麦最重要的是要重视拔节肥，控制无效分蘖过多增生，促进根系下扎，提高生育后期的根系活力，延缓衰老，提高粒重；促进小穗、小花发育，增加穗粒数；促进开花后光合产物积累和运转，提高籽粒产量。

5. 挑旗期肥水。挑旗期是小麦需水的"临界期"，供水极为重要。缺水会加重小花退化，减少每穗粒数，并影响千粒重。挑旗期施肥浇水，可促进花粉粒的良好发育，提高结实率，增加穗粒数；延长后期功能叶的功能期，并提高灌浆强度，有机物质积累增多，粒重增加。对麦叶发黄、氮素不足及株型矮小的麦田，也可适量追施氮肥。如果拔节期已施肥浇水，此期肥水可以不用，以免后期贪青晚熟。

（二）中耕镇压

1. 浅中耕。早春浅中耕（1.5~2.0厘米）不仅可以破除板结，增温保墒，消灭杂草，更重要的是可以促进麦苗早返青，并健壮生长。据研究，连续中耕3次，一般可增产7.5%左右。无灌水条件的地区要勤中耕，细中耕，雨后必中耕；水浇地在灌水后亦应中耕；沙土地土壤疏松，一般不中耕，以免风吹露根。

2. 深中耕。中耕深度为 3.3～6.7 厘米。深中耕损伤麦根较多，起到了控制春蘖滋生的作用，并且也抑制了中、小分蘖的生长。经过一段时间以后，由于损伤对根系的刺激作用，根系迅速生长，次生根数目、根系入土深度及其吸收作用等都远远超过未进行深中耕的。同时，主茎和大蘖的生长得到促进，穗部性状改善，产量提高。高肥水地的旺苗，起身前后群体超过 100 万，两极分化过程慢，叶宽大、色墨绿，如果此时进行深中耕，可以明显收到"断老根，喷新根，深扎根"，以及减少土壤养分无谓消耗，改善田间小气候，防止后期倒伏的良好效果。如果深中耕 1 次的效果不太理想，可在 7～10 天以后从麦行另一侧再进行 1 次。

3. 镇压。镇压可粉碎坷垃，踏实土壤，防止根系悬空，抑制麦苗旺长，促使茎秆粗壮，防止倒伏。此外，镇压还具有明显的提墒作用。对整地不良、坷垃多、土壤孔隙度大的麦田，低洼易涝麦田、沙土地麦田等都可进行镇压，但对弱苗一般不宜镇压。

（三）预防减轻冻害

小麦拔节以后，各部器官迅速生长，对低温的抵抗能力明显降低。然而，在 4 月上、中旬又多有寒流经过。因此，小麦常会遭受到不同程度的晚霜冻害。据研究，6～7 小时的 -2～-5℃ 低温就会引起严重的冻害。一般说来，地势低洼、土壤湿度小、拔节早的麦田受害较重。预防晚霜冻害的措施是：选用耐寒性强或拔节较晚的品种；严格掌握适宜播期；加强田间管理，促使麦苗健壮生长，增强其抗寒能力；根据天气预报，在寒流袭来前（10 日以内）灌水以提高土壤含水量和大气相对湿度（湿度大，露点高，水汽易凝结，释热多），缓和植株附近气温，预防或减轻冻害。晚霜冻害一旦发生，要及时检查受冻情况，并采取相应的补救措施：对茎秆受冻程度较轻、幼穗未冻死的麦田，要及时浇水并追施速效肥料（氮肥 10 公斤左右）；对受冻程度较重、幼穗已冻死的麦田，只要分蘖节未冻死，也不可毁掉（割青），而应加强肥水管理，促使新蘖成长，最终亦可获得 100 公斤左右的收成；对分蘖节也冻死的麦田，可改种其他早秋作物。

十七、后期小麦生长发育特点有哪些？

从抽穗到成熟是小麦的后期生长发育阶段。该阶段在 5 月上旬至 6 月初，历期一般只有 30～40 天。后期阶段是以籽粒形成为中心的开花受精、养分运输、籽粒灌浆、产量形成的过程，以生殖生长为主，根、茎、叶等营养器官的生长逐渐衰退，到成熟时死亡，穗部（主要是籽粒）器官是生长中心。一般田块籽粒产量的 70%～80% 来自抽穗后的光合产物（高产田由于前、中期氮代谢旺盛，干物质积累少，因此，籽粒产量基本上全部来源于后期的光合产物），而只有 20%～30% 是靠贮存于茎、叶、叶鞘等器官中的有机物质转运而来（抽穗后光照不足或体内氮素水平过低时，转运比例增大）。在后期的光合产物中，由旗叶或穗下节所合成的量各占 1/3，旗下叶占 1/4，穗部约占 1/6。因此，后期光合器官（尤其是旗叶、旗下叶等）的功能过早衰退对有机物质的合成与积累影响很大，并进而影响到籽粒的饱满度及品质。后期阶段是决定粒重的关键时期。小麦的生理代谢以碳代谢为主。需水肥不多，但少量的氮、磷供应利于籽粒的形成与灌浆成熟。这时小麦对高温、湿害等不利因素的抵抗能力最弱。

总之，小麦的粒重有 1/3 是开花前贮存在茎秆和叶鞘中的光合产物，开花后转移到籽粒中的；2/3 是开花后光合器官制造的。所以，保证小麦开花至成熟阶段有较长时间的光合高值持续期，延缓小麦早衰是提高小麦粒重的途径。

十八、后期麦田管理的主攻方向是什么？

（1）养根保叶，即应使根系在后期维持较强的活力，充分延长光合器官的功能期。

（2）协调植株碳、氮营养，促进有机物质的合成与积累。

（3）防止贪青，早衰，青干和倒伏，最大限度地将后期所合成的及抽穗前所贮存的有机物质运转到籽粒中去。

（4）加强对病虫害和干热风的防治，保证光合器官完整。

（5）适当喷洒激素、微量元素等，调控物质运输，促进光合产物向籽粒运转，争取粒多，粒重。

十九、后期麦田管理措施有哪些？

（一）灌溉与排渍

后期的阶段耗水量占总耗水水量的 1/3 以上，每亩日耗水 2～3 立方米。此期即使短时间缺水，也会造成植株凋萎，光合速率迅速下降，呼吸强度升高，物质消耗量增多。同时，水分是光合产物向籽粒中运转的媒介和载体，当茎秆含水率低于 60% 时，灌浆非常缓慢，当籽粒含水率低于 35% 时，灌浆过程停止。灌浆前期适宜的土壤相对含水量为 70%～80%，灌浆后期为 50%～65%。生产上，后期应浇好灌浆水（开花后 15 天左右即灌浆高峰前灌水）以养根护叶，防早衰，增粒重。一般浇过灌浆水后，就不必再浇麦黄水，因为尽管麦黄水对麦田间套作物的出苗和生长，对防止干热风等有一定的积极作用，但浇后土壤温度降低，导致籽粒灌浆速度减慢，成熟期推迟，植株易青干枯死，千粒重和产量降低。此外，后期由于麦穗较重，灌水后土壤松软，容易发生倒伏。所以，后期灌水时应避免大水漫灌，不能使地面积水，并注意在大风时停灌。

后期降水过多，光照不足，会显著降低植株光合效率；土壤中水分过多，空气少，硫化氢等有毒物质积累，根系的呼吸、吸收能力减弱，严重时造成生理缺水或窒息死亡；田间湿度大，会导致多种病害的发生和蔓延。因此，多雨时后期应加强田间排涝防渍工作，即继续清沟理厢，疏通排水系统，力使沟底不积水，防止根系早衰和叶片早枯，提高粒重。

（二）叶面喷肥与田间施肥

后期仍需保持一定的营养水平以延长光合器官的功能期和根系的活力。如果该期脱肥，绿叶面积减少，灌浆高峰来临早且峰值小，灌浆期缩短，粒重降低。因此，在供氮、磷、钾不足的麦田，抽穗—灌浆期间当叶色转淡，旗叶含氮量低于3%，叶绿素低于0.5%时，每亩可喷洒 50 ~ 60 公斤 2% ~3% 的尿素溶液或2% ~4% 的过磷酸钙液或 0.3% ~0.4% 的磷酸二氢钾液或 5 倍的草木灰浸泡 1 天后的过滤液，以增加粒重。据研究，后期喷洒氮、磷、钾素，一般可增粒重 1 克左右。

后期主要以叶面喷肥的形式来补充植株营养，但在一定情况下，也可结合灌水而采取田间施肥的方式。一般每亩施用 2 ~3 公斤标肥。后期田间施肥，可起到维持绿色器官的功能期，防早衰，增粒重的作用。

（三）防御干热风与雨后青枯

抽穗—成熟期间的干热风有两级：即轻度干热风（14 时气温≥30℃，大气相对湿度≤30%，风速≥3 米/秒，持续时间 2 天以上）和重度干热风（14 时气温≥32℃，大气相对湿度≤25%，风速≥3 米/秒，持续时间 3 天以上）。干热风袭来，热害和干害共同作用，使植株蒸腾加剧，细胞失水，呼吸作用初期升高后渐停滞，根系吸收能力下降，叶片叶绿素含量降低，光合产物减少，严重时植株死亡。干热风一般减产 10% ~20%，严重者达30%以上。高温为害小麦生育的另一种形式是雨后青枯：小麦成熟前4～5天，阴雨过后（3日内）天气突然放晴，并伴以30℃以上的高温，这时由于土壤水分较多，根系缺氧，活力降低，地上部蒸腾加剧，水分失衡，植株正常生理活动受阻，茎叶在叶绿素来不及分解的情况下即行干枯。小麦雨后青枯一般减产5%～20%。

干热风和雨后青枯的防止措施是，选用耐高温、抗干热风的品种；改良土壤结构，增强其通透性，提高抗旱能力；合理运筹肥水措施，促使植株健壮发育，抗逆性提高；在灌水浇足浇透的基础上，后期喷洒0.3%的磷酸二氢钾。

（四）防治病虫害

生育后期常有锈病、白粉病、赤霉病发生；常见的害虫有黏虫、蚜虫、吸浆虫。病虫为害导致千粒重下降，产量降低。如果是多病、多虫同时发生、蔓延，其产量损失更为严重。

搞好病虫综合防治，应大力推广生物、物理、生态等防治技术。4月底至5月初及时防治穗蚜，一般用4.5%高效氯氰菊酯乳油1 000～1 500倍液，10%吡虫啉可湿性粉剂1 000倍液或2.5%高效氯氟氰菊酯乳油2 000～3 000倍液喷雾即可。扬花期若遇连阴雨天气，应注意每亩用40%的多菌灵胶悬剂100克对水50公斤预防赤霉病。可将叶面喷肥、抗干热风、病虫综防结合起来进行一喷多防。

二十、小麦后期保粒增重的主要措施有哪些？

小麦生长后期，减少小花退化，促进籽粒灌浆是提高产量的关键。其主要措施有：

（1）加强后期肥水管理高产田在两极分化后及时追施适量

的氮素化肥，并结合浇水，在小麦开花后 10 天左右，要浇好灌浆水，防止后期干旱，对促粒增重效果十分明显。

（2）建立健全小麦病虫害综合防治体系，防止病虫害发生、流行，也是后期小麦保粒增重的关键措施。

（3）进行叶面追肥，小麦生育后期，麦田喷施 0.2% ~ 0.4% 的磷酸二氢钾溶液，对提高小麦抗逆能力、促进灌浆有重要作用。

（4）合理运用化学调节物质　在小麦扬花期喷施三十烷醇或芸苔素内酯，能提高光合性能，促进籽粒灌浆。

二十一、小麦不抽穗或有穗无籽的原因是什么？

小麦进入生殖生长阶段后，对外部环境条件的影响比较敏感，错误使用除草剂或者喷洒高浓度农药，往往会出现不抽穗或不结实现象。因此，类药害反应较慢，一旦发现症状后，已错过解救适期，且小麦生殖生长不可逆转，生产上损失较大。

症状：拔节期错误使用双子叶作物除草剂后，芽和节间组织开始变褐，随后心叶变紫色、黄色、逐渐枯死，节间变黑腐烂，无法抽穗；孕穗期施用麦田除草剂或高浓度农药，使穗下节或幼穗失水干枯，幼穗死于叶鞘内无法抽出；扬花期间喷施高浓度农药，易使籽粒发育终止，出现半仁现象，无法灌浆结实，外观颖壳发黑、紧裹。

药害田随喷药走向呈片状或带状发生，着药地带基本绝收。

预防措施：正确选用除草剂，年后除草避免施用二甲四氯等激素类除草剂；掌握施药时期，拔节后应要选择地施用除草剂；严格掌握施药量和施药浓度，不得随意加大用药量、减少用水量；错开对农药敏感的抽穗和扬花期用药。

二十二、如何适时收获？

收获是小麦栽培全过程的结束。小麦收成的丰歉只有在收割、运输、脱粒、翻晒与入仓等项作业全部完成后才能决定。因此，收获阶段任一措施不当，都会使劳动成果遭受到一定的损失。5 月下旬至 6 月初常有阴雨天气，这不仅给收割、脱粒等工作带来了很多不便，同时还会引起穗发芽或导致种子霉烂。小麦收获适期很短，又正值雨季来临季节，因此，农谚云"麦熟一响，龙口夺粮"充分说明了麦收工作的紧迫性和重要性。因此，麦收工作要及早动手，统筹安排，充分调动人力、物力和财力，抓紧时间，全力以赴，及时收获以防止小麦断穗落粒、穗发芽、霉变等，争取把损失减少到最低限度，达到既增产又增收的目的。

收获过早，籽粒灌浆不充分，千粒重低；收获过晚，呼吸、淋溶作用降低粒重，同时落粒、掉穗也增加损失。农谚说"九成熟，十成收；十成熟，一成丢"就是这个道理。一般认为蜡熟中期到蜡熟末期为适宜收获期：人工收获（割晒→脱粒）时，由于割后至脱粒前有一段时间的后熟过程，可在蜡熟中期收割；种子田，应以蜡熟末期和完熟初期为宜；而机械（尤其是联合收割机）收获以完熟初期为宜。

小麦在不同适宜收获期的特征如下。

（1）蜡熟中期。植株茎叶全部变黄，下部叶片干枯，穗下节间全黄或微绿，籽粒全部变黄，用指甲掐籽粒可见痕迹，含水量 35% 左右。

（2）蜡熟末期。植株全部枯黄，茎秆尚有弹性，籽粒较为坚硬，色泽和形状已接近本品种固有特征，含水量为 22% ~25%。

（3）完熟期。植株全部枯死和变脆，易折穗，落粒，籽粒全部变硬，并呈现本品种固有特征，含水量低于20%。据研究，蜡熟末期人工割收的千粒重比完熟期收获的要高2~4克，产量也提高5%~10%。

二十三、如何对小麦进行安全贮藏？

小麦贮藏期间，尤其是在夏季，气温高，湿度大，麦堆易发热、受潮或生虫，所以，在伏天应注意防热，防湿，防虫，防鼠害，以确保安全贮藏。如果贮藏方法不当则易造成霉烂、虫蛀、鼠害、品质变劣等，损失很大。据估算，我国广大农村的粮食贮藏损失为5%左右。因此，贮藏技术不容忽视。

收获脱粒后的种子，应当经过夏季高温暴晒，待种子含水率低于12%~13%，牙咬有响脆声时，于下午3~4时趁热（麦堆温度45~47℃）进仓。这一措施对麦蛾幼虫、甲虫及螨类害虫等有理想的杀灭效果。

贮藏过程中应注意做到以下两点：

①含水量要低　谷物含水量和其耐贮性密切相关：水分含量高，呼吸作用强，谷温升高，霉菌、虫害繁殖速度加快，因而粮堆发热，种子和粮食很快损坏。一般情况下，粮食作物（小麦、大麦、水稻、玉米、高粱、大豆等）的安全贮藏水分含量必须维持在12%~13%或以下。

②温湿等贮藏条件适宜　湿度对谷物的含水量影响很大：湿度低时谷物内的水分向外散失，含水量下降；湿度高时谷物吸湿，含水量升高。一般情况下，与相对湿度为75%相平衡的水分含量为短期储藏的安全水分最大值，与相对湿度65%相平衡的水分含量为长期储藏的安全水分最大值。温度对谷物贮藏的影响与含水量同样重要。水分含量与温度两因素决定了谷物的安全

储存期限。温度在15℃以下时，昆虫和霉菌生长停止；30℃以上时，生长繁殖速度加快。一般要求贮藏期间麦仓内麦堆的温度均匀一致。

第七章　小麦病虫害识别与防治技术

一、如何识别与防治小麦锈病?

锈病是气传流行性病害。锈病分为条锈病、叶锈病、秆锈病3种,分别俗称黄疸、褐疸、黑疸。3种锈病的共同特点是在受侵叶片或茎秆上出现黄色、红褐色或褐色的夏孢子堆,表皮破裂,孢子飞散,呈铁锈状而得名。可用"条锈成行、叶锈乱、秆锈是个大红斑"来概括。

(一)发病症状

条锈病　主要为害叶片,初期在受害部位出现褪绿斑点,以后产生鲜黄色疱状夏孢子堆,孢子堆破裂后出现鲜黄色粉状物。夏孢子堆小,狭长型,与叶脉平行排列成行,呈虚线状。温度高时,夏孢子堆转化为黑色、狭长型冬孢子堆,埋伏在表皮下,表皮不破裂。

叶锈病　主要为害叶片,叶鞘和茎秆上少见。夏孢子堆在叶片上散生,橘红色,中等大小,不规则排列,圆形至椭圆形。表皮破裂后形成黑色、圆形的冬孢子堆。

秆锈病　主要为害茎秆和叶鞘,也可为害穗部。夏孢子堆排列散乱、无规则,深褐色,孢子堆大,呈椭圆形。夏孢子堆穿透能力强,同一侵染点在正反两面都可见到。后期寄主表皮大片开裂,常呈窗口状向两侧翻卷。后期产生黑色冬孢子堆。

(二)发病规律

条锈病病原物为条形柄锈菌,属担子菌亚门柄锈菌属。该病属大区流行病害,在湖北、安徽麦区越冬,在华北麦区为害流行，多在 4 月份发生为害。麦收前，夏孢子随风传播到西北、西南高海拔地区越夏。

叶锈病病原物为小麦隐匿柄锈菌，属担子菌亚门锈菌属。叶锈病菌的夏孢子可在当地麦区随自生麦苗越夏，并就近侵染秋苗，经越冬后，翌年气温回升，越冬菌源继续产生夏孢子堆传播蔓延，多在 5 月份突然爆发。

种植感病品种面积大的情况下，小麦播种早、冬季气温高、田间湿度大，易出现锈病大流行。

（三）防治方法

种植抗病品种：利用抗锈良种是防治锈病最经济、有效的措施，要因地制宜推广抗病良种，做好品种合理布局，防止品种单一化。抗病较好的品种有周麦 22、周麦 28、豫麦 158、漯麦 18 等。

药剂拌种：用有效成分占种子量 0.03% 的三唑酮或种子量 0.02% 的烯唑醇可湿性粉剂拌种，持效期可达 50 天左右。但注意不要超过该药量，否则易出现药害。

药剂防治：在秋季和早春，病叶率达到 5%，严重度 10% 时，每亩用 15% 三唑酮可湿性粉剂 70~80 克，或 12.5% 烯唑醇可湿性粉剂 50~60 克，或 25% 丙环唑乳油 40 毫升，对水 40~50 公斤喷雾。连续喷药 1~3 次，间隔期 10~15 天。在病害流行年份，如果病叶率在 25% 以上，严重度超过 10%，就要加大用药量，用以上药量的 2~3 倍喷雾。

二、如何识别和防治小麦白粉病？

（一）发病症状

主要发生在叶片，叶鞘、茎秆，穗部时有发生。首先出现 1~2 毫米的白色霉点，后扩大为近圆形的白粉状霉斑，霉层厚度可达 2 毫米左右，遇到外力，白粉立即飞散传播。后期霉层逐渐由白色变为浅褐色，上生针头大小黑色小颗粒，即病菌的闭囊壳。白粉病菌寄生后，小麦光合效率降低，叶片褪绿发黄，以致枯死，千粒重下降，严重田可减产 20% ~ 30%。

（二）发病规律

病原为禾本科布氏白粉菌小麦专化型，属子囊菌亚门真菌。以菌丝体和分生孢子在在自生麦苗或以闭囊壳在病残体上越夏，小麦出苗后，病菌靠分生孢子或子囊孢子借气流传播侵染秋苗，并在秋苗上越冬，春季病菌先在植株下部叶片之间传播，以后逐渐向中、上部叶片发展，严重时可发展到穗部。

该病发生适温 15 ~ 20℃，种植感病品种，群体过大，田间荫蔽，通风透光不良，偏施氮肥，白粉病发生重。

（三）防治方法

种植抗病品种：生产上应选用具有较高抗病性、耐病性，并有较好丰产性的品种，压缩感病品种种植面积。

加强田间管理：控制播量，建立合理群体，控制氮肥，增施磷钾肥和有机肥，增强植株抗病能力。

种子处理：用 2% 戊唑醇湿拌种剂 10 ~ 15 克，对水 700 毫升，拌种 10 公斤，或用 2.5% 咯菌腈种衣剂 20 毫升 + 3% 苯醚甲环唑种衣剂 60 毫升，兑适量水拌种 10 公斤，能有效控制麦苗发病，并能兼治锈病及各种黑穗病。

生长期防治：当病叶率达到 20% 时，及时施药防治，每亩用 20% 粉锈宁乳油 50 ~ 80 毫升，或 12.5% 烯唑醇可湿性粉剂 50 克、25% 丙环唑乳油 30 ~ 40 毫升、40% 氟硅唑乳剂 10 克、30% 戊唑醇悬浮剂 30 毫升，对水 50 公斤喷雾，连治 1 ~ 2 次。

三、如何识别与防治小麦赤霉病？

小麦赤霉病是世界性麦类流行性病害，尤以多雨潮湿的温带地区发生严重。随着小麦机械收割程度的不断提高，秸秆大量还田，麦糠吹散在田间，病菌残留量增加，使小麦赤霉病发生逐渐加重，一般流行年份可减产 10% ~ 20%，严重可达 50% 以上。也是生产上造成小麦白穗的原因之一。

（一）发病症状

苗腐：由种子或土壤中病残体带菌引起，病苗先是芽鞘变褐色，其后根冠随之腐烂，病苗黄瘦以至枯死。

基腐：植株茎基部组织受害后变褐，腐烂以至全株坏死，被拔起时往往自茎基腐烂处折断，断口处显现褐色黏性的腐烂组织，其上粘有菌丝泥土等物。

秆腐：在穗下第 1 ~ 3 节的叶鞘及节部发病，叶鞘上初出现水浸状褪绿斑，节间变褐，病节以上枯黄，形成枯白穗，甚至不能抽穗，病株极易从病节处断开，病部可见粉红色霉层。

穗腐：发病初在小穗颖片基部出现水渍状褐色病斑，逐渐扩大至整个小穗，使之变成青枯斑，当田间潮湿时，在小穗基部产生粉红色胶纸霉层，即病菌的分生孢子座和分生孢子。一个穗上有一个或几个小穗发病。当病菌侵害穗轴或穗颈时，被侵害处以上部分全部枯死，形成枯白穗，而以下部分及茎叶仍保持绿色。后期颖片上出现黑色的子囊壳。发生穗枯的籽粒颜色发白，皱缩，不仅产量大减，而且品质变劣。

（二）发病规律

病原为多种镰刀菌引起，属半知菌亚门真菌。以菌丝和子囊壳在土表的玉米根茬、残秆和其他植物残体上越冬，至翌年 4 月份开始产生子囊，逐渐形成子囊孢子。小麦抽穗扬花期，飞散的子囊孢子在高湿的条件下，通过凋萎的花药或张开的颖花侵入小穗。

小麦赤霉病的发生与流行受气候条件、菌源数量、品种及栽培条件等因素的影响。田间病残体遗留多，春季气温回暖早，田间湿度大，特别是小麦扬花至灌浆初期遇低温、阴雨、雾霾天气，极易造成赤霉病大流行。另外，杨絮量大且散发早的年份，杨絮往往缠绕在麦芒上，不但影响麦穗光合作用，而且加重赤霉病的发生程度。不同品种间抗病性存在很大差异，以小穗排列紧密的品种发病重。

（三）防治措施

选用抗病品种：豫教 5 号、浚麦 k8 等品种具有闭颖授粉特性，减少了病菌侵染机会，发病相对较轻。

药剂拌种：用 2.5% 咯菌腈种衣剂，药种比为 1：500 包衣。

化学防治：防治的最佳时期为抽穗扬花期，如果天气预报扬花期多雨高湿，就应抓紧喷药，每亩可用 50% 多菌灵或 70% 甲基硫菌灵可湿性粉剂 100 克、或 30% 戊唑醇乳油 30 毫升、或 50% 咪鲜胺锰盐 50 克、或 25% 氰烯菌酯悬浮剂 100 克，对水 50 公斤喷雾，5~7 天后可再喷一次，以确保防治效果。

四、如何识别与防治小麦纹枯病？

小麦纹枯病是小麦产区的一种常发、重发性病害。发病早的田块往往形成枯株、白穗，降低成穗率、穗粒数、千粒重，可减产 20%~40%。

（一）发病症状

种子发芽后，病菌侵染种子根及幼芽，易造成烂芽，芽鞘受病菌侵染变褐色，最后腐烂、枯死。返青期叶鞘上出现中部灰色、边缘褐色的云纹状病斑，叶片渐呈暗绿色水渍状，以后失水、枯黄。拔节后在植株基部 1~3 节发病，病斑逐渐扩大相连成近椭圆形的"眼斑"。病菌向内侵入茎秆，形成梭形病斑，严重时可引起茎部腐烂，主茎和大分蘖常不能抽穗，成为"枯孕穗"，或抽穗后成为枯白穗。发病部位在小麦生长后期形成不规则的颗粒状菌核。

（二）发病规律

为典型的土传病害。病原物的有性状态为喙角丹菌，属担子菌亚门角担菌属，无性状态为禾谷丝核菌，属半知菌亚门丝核属。病菌以菌核随病残体或在土中越冬、越夏。小麦播种后开始侵染，在田间的发生、发展可分为冬前发生期、越冬静止期、返青上升期、拔节盛期和抽穗后白穗显症期。侵染高峰为冬前秋苗期和春季返青至拔节期。小麦拔节后，气温达 10～15℃，雨水多，是病害重发的主要原因。小麦播种早、群体结构大、施用氮肥多均有利于纹枯病病菌侵染，发病早而重。若春季遇上"倒春寒"，小麦受冻后抗逆性下降，病菌易从伤口处侵染，则加重纹枯病发生。

（三）防治措施

种植抗病性较为突出的豫麦 158、浚麦 k8 等小麦新品种；适期晚播，控制播量，做到合理密植；适当控氮肥、增磷钾肥，做到平衡施肥。

药剂拌种：用 2% 立克秀（戊唑醇）湿拌种剂 10 克，加水 0.5 公斤，拌麦种 10 公斤。

化学防治：防治小麦纹枯病应立足于早期用药，抓住小麦返青拔节期，病菌侵入茎秆前。当平均病株率达 20% 左右时及时用药。第一次用药，每亩可选用 5% 井冈霉素水剂 200 毫升＋20% 粉锈宁乳油 50 毫升，或 25% 丙环唑乳油 30 毫升＋12.5% 烯唑醇可湿性粉剂 50 克；7～10 天后第二次用药，每亩用 24% 噻呋酰胺悬浮剂 10～20 毫升。对水 50 公斤，选择上午有露水时，茎基喷雾。每亩可加入磷酸二氢钾 150 克，增强植株的抗病和抗倒春寒能力，能获得较好的增产效果。

五、如何识别与防治小麦根腐病？

（一）发病症状

小麦整个生育期均能发病。幼苗期染病，种子根、胚芽鞘变黑、腐烂，严重时幼苗烂死，不能出土或出土后生长衰弱、叶片枯黄。成株期叶片上成梭形病斑，病斑中央枯黄色，周围有褪绿晕圈，病斑两面产生黑色霉层，即病菌的分生孢子梗和分生孢子，茎基部易折断枯死，白穗不结实，拔取病株可见根毛和主根表皮脱落，根冠部变黑并黏附土粒，发病后期伴有白色菌丝。

（二）发病规律

典型的土传病害。病原为子囊菌亚门旋孢腔菌属禾旋孢腔菌，以菌丝体和分生孢子潜伏或附着在种子和病残体中越冬、越夏。种植感病品种、苗期田间积水、后期高温多雨发病重。

（三）防治方法

种子处理：用2.5%咯菌腈悬浮种衣剂20毫升，加少量水包衣种子10～12.5公斤，对苗期根腐病防效达75%以上。

药剂防治：返青期用12.5%烯唑醇可湿性粉剂50克，对水50公斤茎基部喷灌；穗期用25%丙环唑乳油40毫升，或50%多菌灵可湿性粉剂100克，对水50公斤叶面喷雾，控制发病。

六、如何识别与防治小麦全蚀病？

小麦全蚀病是一种根腐和茎腐性病害，只侵染麦根和茎基部1～2节，引起植株成簇或大片枯死，降低有效穗数及千粒重，轻者减产10%～20%，重者减产50%以上。是河南省植物检疫对象。

（一）发病症状

小麦苗期和成株期均可发病。分蘖前后出现基部老叶发黄，心叶内卷，叶色失绿，状似缺肥水，初生根变黑色，分蘖减少，生长衰弱。拔节后黄叶增多，田间出现若干矮化的发病中心，中心病株矮黄、稀疏。灌浆期田间病株成簇或顺垄带状分布，发生早枯白穗，病根黑色，易于拔起，在茎基部表面和叶鞘内侧布满紧密交织的黑褐色菌丝层，呈"黑膏药"状，上密布黑褐色颗粒状子囊壳。

该病与其他根腐型病害区别在于种子根和次生根变黑腐败，茎基部生有"黑膏药"状菌丝体。

（二）发病规律

病原物为竹顶囊壳禾谷变种和禾顶囊壳小麦变种，属子囊菌亚门顶囊壳属。病菌主要以菌丝体随病残体在土壤中越夏或越冬，成为第二年的初侵染源。近距离靠秸秆、粪肥、浇水、耕作、收割扩散，远距离靠种子调运传播。连作地、早播地、沙碱地发病严重。

（三）防治方法

严禁种植带病种子；增施有机肥；土壤深耕20厘米，每亩用50%多菌灵可湿性粉剂2~3公斤，掺细土20公斤拌匀，于犁地前撒施；发病区可选用12.5%全蚀净（硅噻菌胺）种衣剂20毫升（堆闷6小时），或3%敌萎丹（苯醚甲环唑）种衣剂40毫升加2.5%适乐时（咯菌腈）种衣剂20毫升，对水500毫升，拌麦种10公斤。重病田在小麦拔节期，每亩用15%粉锈宁可湿性粉剂300克，对水2 000公斤顺垄灌根。

七、如何识别与防治小麦叶枯病？

小麦叶枯病是引起叶斑和叶枯类病害的总称，主要有雪腐叶枯病、根腐叶枯病、链格孢叶枯病、黄斑叶枯病等病害。

（一）发病症状

为害叶片、根部、茎基部、穗部和籽粒，造成苗腐、叶枯、根腐、穗腐和黑胚。种子萌发后，胚根、胚芽鞘腐烂变色，上生条形黑褐色病斑，表面有白色菌丝，早期在叶片上形成褐色近圆形或椭圆形较小病斑，成株期形成典型的淡褐色梭形叶斑，周围常有黄色晕圈。病斑相互愈合形成大斑，使叶片干枯。

（二）发病规律

以菌丝体潜伏在种子内或以孢子附着在种子表面及病残体上越冬或越夏，成为苗期主要初侵染来源，感染严重的种子，常在土中腐烂，感染轻者虽可以出苗，但生长衰弱。染病组织上产生的分生孢子或子囊孢子借风雨传播，进行多次再侵染，致使叶片上产生大量病斑，干枯死亡。在低温、多雨的条件下有利于此病的发生发展。

（三）防治方法

种子处理：用2.5%咯菌腈种衣剂药种比为1∶500包衣。

化学防治：对低洼潮湿、高肥大水、群体偏大等有可能发病的田块，在返青后，选用50%多菌灵可湿性粉剂500倍液喷雾，7天后进行第二次防治。

八、如何识别与防治小麦梭条斑花叶病？

（一）发病症状

小麦染病后冬前不表现症状，到返青期，在小麦新叶上产生褪绿条纹，病斑联合成长短不等、宽窄不一的不规则条斑，形似梭状，病株叶脉初为绿色，后全叶变成橘黄色，新生旗叶表现出深绿与浅绿相间的条纹或花叶，老病叶渐变黄、枯死。病株分蘖少、拔节少，穗畸形，根系发育不良，重病株明显矮化。病田小麦亩穗数明显下降。

（二）发病规律

通过一种多黏菌传播的土传病毒病。主要靠病土、病根残体、病田水流传播，也可经汁液摩擦接种传播。传播媒介是一种习居于土壤的禾谷多粘菌。小麦播种后，禾谷多粘菌产生游动孢子，侵染麦苗根部，病毒随之侵入根部进行增殖，并向上扩展，越冬期病毒呈休眠状态，翌春表现症状，小麦成熟前形成休眠孢子，病毒随其越夏。地温 15℃ 左右，土壤湿度大，有利于侵染发病。播种早发病重，播种迟发病轻。

（三）防治措施

发病田深耕 25 厘米以上，把病菌翻入深层土中；种植抗病品种，发病区改种衡观 35、华成 3366 等品种；适当晚播，病区可延后至 10 月 20 日后播种，病情会明显减轻；化学防治，分别于晚秋和春季亩喷 20% 宁南霉素 50 毫升，加 0.01% 芸苔素内酯 20 克，氨基酸叶面肥 50 克，对水 50 公斤，多次叶面和地表喷雾；加强田间管理，早春亩追施尿素 10 公斤，随后浇水。

九、如何识别与防治小麦孢囊线虫病？

（一）发病症状

小麦苗期矮化，叶片发黄，类似营养不良或缺肥症。受害重的在小麦 4 叶期即出现黄叶，受害轻的植株在拔节期症状显现。远望麦田为成团、成片低矮、稀疏，叶片黄尖直至麦株枯死。

（二）发病规律

该病是由禾谷胞囊线虫引起。小麦返青后，病株多从下部叶片叶尖开始发黄，随后变褐干枯，并向叶片基部和上部叶片发展，使麦叶形成大量干尖。病苗生长势弱，分蘖明显减少，植株稀疏、矮化，严重时成片枯死。将病株拔起，可见根部形成许多瘤状的根结，根结上生许多须根，须根上再形成根结，根短而扭曲，整个根系呈须根团。抽穗期以后，被寄生处根侧可见针头大小白色发亮、后变褐发暗的孢囊，孢囊内充满线虫。根结和孢囊为识别此病的主要依据。

（三）防治措施

轮作倒茬：病田与非禾本科作物轮作，1年就可取得很好的防治效果。药剂防治：每亩用10%克线磷颗粒剂或2%阿维菌素颗粒剂2～3公斤犁前撒入土中。在小麦播种时，用35%呋喃丹种衣剂，按2%种子重的用药量进行拌种处理，有很好的防治效果。

十、怎样识别和防治小麦黑穗病？

小麦黑穗病主要有秆黑粉病病和散黑穗病，为害麦穗和籽粒，可造成严重减产。

（一）发病症状

秆黑粉病病菌侵染小麦幼芽，到达生长点后随小麦生长，为害整个植株，发病初期在叶片和叶鞘上出现与叶脉平行的条纹状隆起，叶片不舒展，病株分蘖增多，明显矮化和严重扭曲，隆起部分变黑破裂，散出黑色孢子。散黑穗病病株抽穗略早，症状在小麦穗部最为明显，其小穗全部被病菌破坏，子房、种皮和颖片均变为黑粉，初期病穗外包一层灰色薄膜，病穗抽出后不久膜即破裂，黑粉（厚垣孢子）随后飞散，仅剩穗轴。

（二）发病规律

秆黑粉病菌和散黑穗病菌均属担子菌亚门，秆黑粉病菌以冬孢子散落在土壤中或黏附在种子表面及肥料种越冬或越夏，通过幼芽侵染小麦。

散黑穗病是通过花器侵染的系统性病害。病菌以菌丝体潜伏在种子胚部越冬越夏。小麦播种后，带菌种子萌发时，潜伏在胚部的菌丝开始萌动，并随着小麦的生长点向上发展，到孕穗期间，菌丝体在麦株内迅速发展，破坏花期，形成厚垣孢子，孢子随风吹散，落在健穗花期上，通过柱头侵入到子房，入侵菌丝并不妨碍子房和胚珠的发育，当种子形成时，菌丝已进入胚部，并随着种子成熟而进入休眠阶段。带病种子是该病害传播的唯一途径。

（三）防治措施

建立无病种子田，使用无病种子。药剂拌种：可用 15% 三唑酮可湿性粉剂或 20% 三唑酮乳油拌种，用药量按药剂有效成分为种子重量的 0.03% 兑制拌种，拌后堆闷 6 小时。或用 3% 苯醚甲环唑悬浮种衣剂 40 毫升，对水 700 毫升，拌种 10 公斤，对防治两种病害均有效。

十一、如何识别与防治小麦丛矮病？

（一）发病症状

小麦丛矮病的主要特征是病株明显矮化，分蘖明显增多，形成丛生状态，染病植株上部叶片有黄绿相间条纹。冬小麦播后20 天即可显症，最初症状心叶有黄白色相间、断续的虚线条，后发展为不均匀黄绿条纹，分蘖明显增多。冬前染病株大部分不能越冬而死亡，轻病株返青后分蘖继续增多，生长细弱，叶部仍有黄绿相间条纹，病株矮化。一般不能拔节和抽穗。冬前未显症和早春感病的植株在返青期和拔节期陆续显症，心叶有条纹，与冬前显症病株比，叶色较浓绿，茎秆稍粗壮，拔节后染病植株只有上部叶片显条纹，多数能抽穗，但穗节缩短，穗型不正常，籽粒秕瘦。

（二）发病原因

病原为北方禾谷花叶病毒，属植物弹状病毒组。

(三) 发病规律

小麦丛矮病毒不经汁液、种子和土壤传播，主要由灰飞虱传毒。灰飞虱成虫和若虫一旦获毒可终生带毒，但不经卵传播。冬麦区灰飞虱秋季从带病毒的越夏寄主上大量迁飞至麦田为害，造成早播秋苗发病。越冬带毒若虫在杂草根际或土缝中越冬，是翌年毒源，次年迁回麦苗为害。小麦成熟后，灰飞虱迁飞至早播夏玉米等禾本科植物上为害，引起玉米粗缩病。小麦对丛矮病感病程度及损失的轻重，依感病生育期的不同而异。苗龄越小，越易感病。小麦出苗后至三叶期感病的植株，越冬前绝大多数死亡；分蘖期感病的病株，病情及损失均很严重，基本无收；返青期感病的损失达 46.6%；拔节期感病的虽受害较轻，损失也有32.9%；孕穗期基本不发病。套作麦田有利灰飞虱迁飞繁殖，发病重；冬麦早播发病重；邻近草坡、杂草丛生麦田病重；夏秋多雨、冬暖春寒年份发病重。

(四) 防治方法

清除杂草、消灭毒源；适期连片播种，避免早播；合理安排套作，不在棉垄内提前套种小麦；药剂防治，用55%甲拌磷乳油40毫升，对水1公斤，拌麦种15公斤，堆闷12小时，防效显著。出苗后喷药保护，压低虫源，可亩用10%吡虫啉可湿性粉剂50克，对水50公斤，全田喷雾。

十二、如何识别与防治小麦颖枯病？

(一) 症状

为害小麦未成熟穗部和茎秆，也为害叶片和叶鞘。穗部染病先在顶端或上部小穗上发生，颖壳上开始为深褐色斑点，后变为枯白色并扩展到整个颖壳，其上长满菌丝和小黑点（分生孢子器）；茎节染病呈褐色病斑，能侵入导管并将其堵塞，使节部畸变、扭曲，上部茎秆折断而死；叶片染害初为长梭形淡褐色小斑，后扩大成不规则形大斑，边缘有淡黄晕圈，中央灰白色，其上密生小黑点，剑叶被害扭曲枯死。叶鞘发病后变黄，使叶片早枯。

（二）发病规律

病原为颖枯壳针孢，属半知菌亚门真菌。冬麦区病菌在病残体或附在种子上越夏，秋季侵入麦苗，以菌丝体在病株上越冬。高温多雨条件有利于颖枯病发生和蔓延。连作田发病重。使用带病种子及未腐熟有机肥，发病重。

（三）防治方法

选用无病种子；施用腐熟有机肥，增施磷、钾肥，增强植株抗病力；药剂防治，种子处理：用2.5%咯菌腈种衣剂药种比为1：500包衣。在小麦抽穗期每亩喷洒25%丙环唑（敌力脱）乳油30毫升，对水50公斤，叶面喷雾。

十三、如何识别蝼蛄？

（一）为害特点

蝼蛄食性极杂，成虫和若虫均能在土中活动为害，咬食播下的种子和根系成麻丝状，使幼苗枯死或生长不良，夜出地面，咬食近地面的嫩茎，常把幼苗咬断。造成很多虚土隧道，使幼苗根部与土壤分离而干枯。田间出现严重的缺苗断垄现象。当地以华北蝼蛄为主。

（二）形态特征

成虫：雌成虫体长45～50毫米，雄成虫体长39～45毫米。体黄褐至暗褐色，前胸背板中央有1心脏形红色斑点。后足胫节背侧内缘有棘1个或消失。腹部近圆筒形，背面黑褐色，腹面黄褐色，尾须长约为体长之。卵：椭圆形，孵化前长2.4～2.8毫米，宽1.5~1.7毫米，初产时黄白色，后变黄褐色，孵化前呈深灰色。若虫：形似成虫，体较小，初孵时体乳白色，2龄以后变为黄褐色，5~6龄后基本与成虫同色。

（三）发生规律

华北蝼蛄3年发生1代，若虫13龄，以成虫和8龄以上的各龄若虫在土中越冬。来年3~4月当10厘米深土温达8℃左右时若虫开始上升为害，地面可见长约10厘米的虚土隧道，4~5月份地面隧道大增即为害盛期；6月下旬至7月中旬为产卵盛期，8月为产卵末期。初孵若虫最初较集中，后分散活动，至秋季达8~9龄时即入土越冬；第二年春季，越冬若虫上升为害，到秋季达12~13龄时，又入土越冬；第三年春再上升为害，8月上、中旬开始羽化，入秋即以成虫越冬。成虫虽有趋光性，但体形大飞翔力差，华北蝼蛄在土质疏松的盐碱地，沙壤土地发生较多。春、秋有两个为害高峰，在雨后和灌溉后，常使为害加重。

十四、如何识别蛴螬？

（一）为害特点

幼虫为害时在土中食害萌发的种子，咬食根茎，断口处呈刀切状。成虫主要取食叶片，形成空洞和缺刻，严重时能吃光全叶。

（二）形态特征

蛴螬体肥大，弯曲近"C"形，多为白色，体壁柔软、多皱，头大而圆，胸足3对，腹部10节，末节上生有刺毛。

（三）发生规律

鞘翅目金龟总科幼虫的总称，成虫叫金龟子，幼虫叫蛴螬。主要种类有大黑、暗黑、黑绒、铜绿金龟子。一般种类每年发生

1代，或2~3年1代。每年4月下旬出现幼虫，5月底至7月出现成虫高峰。成虫有假死性、趋光性、趋粪性和喜湿性，昼伏夜出。幼虫共3龄，终生栖生土中活动为害，喜欢生活在潮湿、疏松、肥沃的地块里，13~18℃时活动最适宜。

十五、如何识别金针虫？

金针虫属鞘翅目叩头甲科，沈丘县发生主要种类为沟金针虫，为害玉米、小麦、豆类及蔬菜。

（一）为害特点

为害小麦的种子和幼芽，能咬断刚出土的幼苗，造成缺苗断垄；也可在春季钻入茎基部取食为害，造成后期白穗。轻轻上提即从基部断裂，断口处有锯末状碎屑。

（二）形态特征

成虫体长14~18毫米，棕色至深栗色，鞘翅长约前胸的4~5倍；幼虫体长20~30毫米，金黄色，末端分叉，叉内侧各有1小齿。

（三）发生规律

沟金针虫3年发生1代，以成虫或幼虫在30~120厘米深的土层中越冬，翌年3月中旬土温达到4~8℃时幼虫开始上升活动，4月上旬为害最重，土温超过20℃，幼虫向深层移动，9月下旬又回到地表为害秋播麦苗。适宜有机质少、疏松沙质土壤中。

十六、如何防治地下虫？

（一）农业防治

施用腐熟有机肥，避免使用未发酵厩肥；浇水压虫，当土壤湿度达到35%~40%时，金针虫停止为害，下潜到15~30厘米深的土层中，适时浇水，可减轻金针虫为害。农田深耕细耙，产卵化蛹期中耕除草，对地下害虫有杀伤和控制作用。

（二）灯光诱杀

蝼蛄、蛴螬和金针虫成虫具有较强的趋光性，成虫发生期在田间地头设置黑光灯、杀虫灯可有效诱杀成虫。

（三）药剂防治

毒饵诱杀：将50克90%敌百虫用热水化开，对水4公斤，喷在7.5公斤炒香的麦麸上，搅拌均匀，傍晚撒施于田间；毒土法：用50%辛硫磷乳油或48%毒死蜱乳油500毫升，对水2公斤，拌细土25公斤，耕地前均匀撒施于田间；药剂拌种：用50%辛硫磷乳油或48%毒死蜱乳油25毫升，对水700毫升，拌麦种10公斤，堆闷2~3小时，晾干播种；灌根：出苗后发现受害，用48%毒死蜱乳油1 000倍液灌根。毒死蜱和辛硫磷在土壤中的持效期长，用药后能长时间控制地下虫的发生和为害。

十七、如何识别与防治麦蜘蛛？

麦蜘蛛主要有麦圆蜘蛛和麦长腿蜘蛛两种。麦圆蜘蛛除为害小麦外，还可为害豌豆、蚕豆、油菜等。随着暖冬现象不断出现，小麦田麦蜘蛛越冬基数呈逐年增加趋势，加上虫体小，易被忽视，为害相对较重。一般年份减产10%左右，严重年份减产20%左右。

（一）为害特点

麦蜘蛛以成、若虫在春秋两季为害麦苗，吸食麦株叶片汁液，被害麦叶先呈针刺状白斑，斑点连成片后呈灰白色，后变黄干枯，造成植株矮小，抗灾能力显著降低。

（二）形态特征

雌成虫体卵圆形，长0.6~0.98毫米，宽0.43~0.65毫米，

黑褐色。4对足，第1对长。在体背后部有隆起的肛门。卵长
0.2毫米，宽0.1~0.14毫米，椭圆形，初暗褐色，后变浅红色，
上有五角形网纹。若虫共4龄，一龄称幼螨，3对足，初浅红
色，后变草绿色至黑褐色，2、3、4龄若螨4对足，体形与成螨
大体相似。

（三）发生规律

当地以麦圆蜘蛛为主，一年发生2~3代，以成虫、若虫和
卵在麦株及杂草上越冬，3月中下旬至4月上旬虫量大，为害
重。4月下旬虫口消退，越夏卵10月开始孵化为害秋苗。多在
上午8~9时以前和下午4~5时以后活动，遇大风多隐藏在麦丛
下部，不耐干旱。水浇麦田、低洼潮湿或密植麦田及杂草丛生田
发生较重。

（四）防治方法

农业防治：深耕灭茬，中耕除草，能消灭土中、草根和枯枝
落叶上的麦蜘蛛。药剂防治：当单行麦苗一米长有虫600头时，
每亩喷洒15%哒螨灵乳油40毫升，或1.8%阿维菌素乳油20毫
升，对水50公斤喷雾。也可撒毒土防治，40%乐果乳油每亩75
毫升拌20公斤细土，撒在田间，48小时效果在80%以上。秋季
由于麦苗小、叶片幼嫩，成螨比例多，食量大，受害症状相对明
显，防治工作不容忽视，特别是田边、坟边杂草丛生地是施药
重点。

十八、如何识别与防治小麦蚜虫？

麦蚜是麦类作物经常发生的一类害虫，主要有麦长管蚜、禾
谷缢管蚜、麦二叉蚜、无网长管蚜，以麦长管蚜为主。

（一）为害特点

麦蚜以成虫、若虫在小麦茎、叶和穗部刺吸汁液为害，被害

处呈黄色斑点，严重时叶片发黄。小麦生长前期，蚜虫集中在植株下部叶背面、叶鞘及心叶处为害，致麦苗黄枯、生长缓慢，分蘖减少，严重的麦株不能正常抽穗；抽穗后多集中在茎、叶和穗部为害，造成叶片发黄，颖壳发黑、籽粒秕瘦，千粒重下降，影响产量较大。麦蚜活动过程中排泄大量蜜露招引煤污病菌和蚂蚁，不仅影响小麦生长，还能传播小麦病毒病。

（二）形态特征

麦长管蚜：无翅孤雌蚜体长 3.1 毫米，宽 1.4 毫米，长卵形，草绿色至橙红色，头部略显灰色，腹侧具灰绿色斑。触角、喙端节、财节、腹管黑色，尾片色浅。有翅孤雌蚜体长 3.0 毫米，椭圆形，绿色，触角黑色，尾片长圆锥状。

（三）发生规律

麦长管蚜 1 年发生 10～20 代，以无翅胎生成蚜或若蚜在麦株根部及各种禾本科杂草上越冬。小麦返青后，开始大量繁殖为害，靠有翅蚜作远距离迁飞。小麦抽穗、灌浆阶段是其繁殖最快、为害最猖獗的时期。麦收后，迁到芦苇、狗尾草等杂草上或玉米等作物上生活、繁殖，秋播小麦出苗后，又陆续迁到麦苗上繁殖为害。当平均气温超过 28℃，或低于 6℃ 以下时，田间虫口显著下降。早春气温高、湿度大的年份发生重，麦苗稠、氮肥足的田块发生重。

（四）防治方法

药剂拌种：可用 70% 吡虫啉拌种剂 60～80 克，对水 10 公斤，拌麦种 100 公斤，摊开晾干后播种，也可用种衣剂包衣；种肥同播：亩用"全兑"（2% 吡虫啉 + 戊唑醇）2 公斤与 15 公斤小麦种子充分混匀，药种一起播种，能有效地控制中后期蚜虫为害，兼治地下虫及纹枯病；追施药肥：小麦返青期，每亩用"追斯"（尿素包膜吡虫啉）药肥 10 公斤顺垄撒施，不仅可以补充氮肥，而且能有效控制中后期蚜虫为害；药剂喷雾：拔节期百株平均蚜量 50 ~ 100 头，有蚜株率达 20% ~ 40%，孕穗期平均百株蚜量达 200 ~ 250 头，有蚜株率达 50% 左右，灌浆初期百穗蚜量达 500 头以上，有蚜株率达 70% 左右时，进行施药防治。每亩用 10% 吡虫啉可湿性粉剂 30 ~ 40 克，加 2.5% 氯氟氰菊酯乳油 60 ~ 70 毫升，或 50% 抗蚜威可湿性粉剂 15 克，或 40% 氧化乐果乳油 80 毫升，或 25% 氰、辛乳油 60 毫升，对水 50 ~ 60 公斤喷雾，7 天防治一遍。

麦蚜是一类容易产生抗药性的害虫，施药时应多种农药交替、混配使用，可减轻其抗药性，提高防治效果。

十九、如何识别与防治小麦吸浆虫？

小麦吸浆虫属双翅目瘿蚊科。为害小麦的有麦红吸浆虫和麦黄吸浆虫。以麦红吸浆虫为主。以幼虫吮吸麦粒造成瘪粒，甚至空壳而减产，一般损失 10% ~ 20%，严重的减产 60% 以上，甚至绝收。

（一）为害特点

麦红吸浆虫以幼虫潜伏在小麦颖壳内，吸食正在灌浆的麦粒汁液，颖壳变黑紧裹，麦秆直立不倒，籽粒瘪瘦，甚至成空壳。

（二）形态特征

成虫呈橘红色，复眼黑色。雌虫体长 2 ~ 2.5 毫米，翅展约 5 毫米，翅一对，膜质，薄而透明，有四条发达翅脉，后翅退化为平衡棍。卵淡红色，长圆形，长 0.09 毫米。幼虫为橙黄色，头小，无足，蛆形，前胸腹面有一个 "Y" 形剑骨片，老熟时体长 2.5 ~ 3.0 毫米，体眠幼虫反卷在圆茧内。蛹长 2 毫米，橙黄色，裸蛹。

（三）发生规律

麦红吸浆虫一年发生一代或多年完成一代，以老熟幼虫结茧潜伏在 3~7 厘米深的土层内越夏、越冬。来年春季小麦起身时，破茧由土壤深层向表土移动，小麦孕穗期再结茧化蛹，小麦开始抽穗，成虫羽化出土。成虫因怕强光，早晚活动最盛，傍晚 6~9 时，选择已抽穗而未开花的麦穗产卵。卵多产于护颖、小穗与小穗、小穗与穗轴之间，一生可产卵 50 粒左右。初孵幼虫从内、外颖缝隙处钻入麦壳中，附在刚灌浆的籽粒上为害 15~20 天，蜕皮爬出颖外，弹落在土中结茧越夏。吸浆虫喜湿怕干，土壤含水量高是幼虫化蛹、成虫羽化出土的先决条件。吸浆虫的发生有如下明显特点：成虫羽化盛期与抽穗期吻合，幼虫孵化侵入与扬花期吻合，幼虫老熟脱穗入土与乳熟期吻合。

（四）防治措施

选用抗虫品种：要选用穗形紧密，内外颖毛长而密，麦粒皮厚，浆液不易外流的小麦品种；撒毒土：淘土检查查虫时每取土样方（10 厘米 ×10 厘米 ×20 厘米）有虫 2 头以上，每亩用 5% 毒死蜱颗粒剂 900 克拌细土 20~25 公斤，顺麦垄均匀撒施，也可每亩用 40% 甲基异柳磷乳油 200 毫升，或 50% 辛硫磷乳油 250 毫升，或 40% 毒死蜱乳油 150 毫升，对水 2 公斤，喷拌在 30 公斤细土上，搅拌均匀制成毒土，堆闷 1~2 小时后顺麦垄均匀撒施地表。成虫期（小麦扬花至灌浆初期）防治：灌浆期拨开麦垄一眼可见 2~3 头成虫时，应进行药剂防治，每亩用 40% 辛硫磷乳油 50 毫升，或菊酯类药剂 30 毫升，或 40% 毒死蜱乳油 60 毫升，对水 40~50 公斤，于上午 10 点前、下午 4 点后全田喷雾。

二十、如何识别与防治小麦黏虫？

（一）为害特点

以幼虫取食叶片，1~2 龄幼虫仅食叶肉形成小孔，3 龄后形成缺刻，5~6龄达暴食期，严重时将叶片吃光形成光秆。虫量大时，可成群转移为害，一般可使作物减产10~20%，严重时可达到50%，甚至绝产。

（二）形态特征

成虫体长15~17毫米，翅展36~40毫米。头部与胸部灰褐色，腹部暗褐色。前翅灰黄褐色，内横线往往只现几个黑点，环纹与肾纹褐黄色，肾纹后端有一个白点，其两侧各有一个黑点；外横线为一列黑点；缘线为一列黑点。卵长0.5毫米，半球形，初产白色渐变黄色，卵粒单层排列成行成块。老熟幼虫体长38毫米，头红褐色，头盖有网纹，两侧有褐色粗纵纹，略呈八字形。体色由淡绿至浓黑，背中线白色，亚背线与气门上线之间稍带蓝色，气门线与气门下线之间粉红色至灰白色。腹足外侧有黑褐色宽纵带，足的先端有半环式黑褐色趾钩。蛹长19毫米，红褐色，腹部5~7节背面各有1列齿状点刻，臀棘有刺4根。

（三）发生规律

黏虫属鳞翅目夜蛾科，是一种迁飞性害虫，冬季在南方的广东、广西壮族自治区、福建等沿海地区越冬，春、夏、秋季在我国的长江中下游、黄淮海、华北、东北等主要麦区迁移为害。近年来，随着南方改变种植小麦面积减少，使黏虫的越冬基数大大降低，在我国大部分麦区为害较轻，只是在黄淮海和东北等局部麦区还有零星为害。在当地一年发生3代，4~5月为害小麦，6月第二代成虫北迁或留在当地为害玉米。成虫喜在茂密的田块产卵，长势好、密植、多肥的田块，利于该虫的发生。

（四）防治方法

每平方米有虫5头时需要防治，用药时期掌握在初龄幼虫期，每亩用10%氯氰菊酯乳油40毫升、或40%毒死蜱乳油60毫升、或50%辛硫磷乳油60毫升，对水50公斤均匀喷雾。

二十一、小麦病虫草害综合防治技术包括哪些方面?

小麦病虫草防治要坚持"预防为主,综合防治"的植保工作方针,以农业防治为基础,协调运用其他各项措施,将病虫草为害降到最低限度。

(一)播种期病虫防治

小麦播种期主要病虫害种类有三病三虫,即小麦全蚀病、纹枯病、根腐病、蛴螬、蝼蛄、金针虫。

防治措施:保健栽培　选用抗、耐病虫品种,合理轮作,清洁田园,沟渠配套,平整田地,深耕土壤,施腐熟粪肥,精量播种,配方施肥等栽培措施,优化农田环境,培育健壮麦苗,抑制病虫发生为害。适期播种,合理密植。

药剂拌种　全蚀病发生区用12.5%全适净(硅噻菌胺)20毫升对水0.5公斤拌麦种10公斤,堆闷6小时;纹枯病、根腐病发生区用3%敌萎丹(苯醚甲环唑)20毫升或2%立克秀(戊唑醇)拌种剂10~15克对水0.5公斤拌种10公斤,与虫害混合发生时亩用50%辛硫磷25毫升或40%甲基异柳磷乳油25毫升混合拌种。

土壤处理　对小麦全蚀病发生严重的地块,可用50%多菌灵和15%粉锈宁粉剂各1公斤,拌细土25公斤于耕地前均匀撒施。地下虫严重地块用50%辛硫磷乳油或40%毒死蜱乳油250毫升,对水2公斤,拌细土25公斤,犁地前均匀撒入土壤。

(二)秋苗期病虫草害防治

秋苗期主要虫害有灰飞虱、叶蝉、麦蜘蛛、黑潜叶蝇,主要草害有野燕麦、节节麦、播娘蒿、荠菜、麦瓶草、猪殃殃、泽漆等。

防治措施：小麦进入分蘖期后，亩用2.5%氯氟氰菊酯乳油80毫升进行喷雾，防治黑潜叶蝇和麦蜘蛛。

杂草秋治　麦草秋治，杂草小、用药少、成本低、效果好，且一般不影响其他作物，是用药的最佳时期。防治时间：掌握在冬小麦4~6叶，杂草2~3叶，气温10℃以上，时间在11月下旬~12月上旬。防治方法：以阔叶杂草为主的田块，亩用20%氯氟吡氧乙酸乳油30~40毫升+10%苯磺隆可湿性粉剂15~18克，对水30公斤，全田均匀喷雾；禾本科和阔叶杂草混生时，亩用亩用3.6%阔世玛水分散粒剂20克加20%使它隆（氯氟吡氧乙酸）乳油50毫升。

（三）返青至拔节期病虫害防治

返青至拔节期主要病虫草有小麦全蚀病、根腐病、纹枯病、灰飞虱、红蜘蛛、麦叶蜂、地下害虫。

于3月上中旬，纹枯病病株率10%，麦蜘蛛、蚜虫点片发生时，亩用10%吡虫啉可湿性粉剂40克，加2.5%氯氟氰菊酯乳油100毫升，加12.5%烯唑醇可湿性粉剂40克，加磷酸二氢钾150克，对水50公斤喷雾。在防治病虫的同时，通过补充叶面肥，增强抗倒春寒能力；地下害虫为害小麦，被害率达3%以上时，用50%辛硫磷乳油或48%乐斯本乳油1 000倍顺垄灌根防治。

化控缩节防倒　对于密度大或旺长的麦田，可亩喷施15%多效唑可湿性粉剂40~50克，对水30公斤喷雾。

（四）抽穗期病虫害防治

此期主要病虫害有：吸浆虫成虫、麦蚜、赤霉病、白粉病、锈病。于小麦抽穗期扒查麦垄，一眼可见吸浆虫成虫2~3头，当百株蚜量达到500头时，可用2.5%百树菊酯乳油50毫升，加30%戊唑醇．咪鲜胺水分散粒剂20克，加0.01芸苔素内酯20克，对水30公斤喷雾。

（五）灌浆期病虫害防治

此期主要病虫害有：穗蚜、灰飞虱、赤霉病、白粉病、叶锈病、叶枯病。于灌浆初期，亩用40%氧乐果乳油80毫升，加25%噻虫嗪水分散粒剂12克，加25%戊唑醇可湿性粉剂40克，磷酸二氢钾150克，对水50公斤喷雾。

二十二、小麦病虫害综合防治应抓好哪几个关键时期？

小麦病虫害种类虽有很多，但往往集中于几个关键时期。在认真落实农业综合防治措施的基础上，要抓好以下关键时期：

播种期：综合拌种和土壤处理。

返青拔节期：化学除草结合早期控制病害。

扬花灌浆期：一喷多防，综合施药，杀虫剂、杀菌剂、叶面肥混合使用，起到防治病虫害、补充养分和防御干热风的作用。

第八章　小麦减灾技术

一、什么是旱灾？

旱灾是指因一定时期内降水偏少，造成大气干燥，土壤缺水，使作物体内水分亏缺，影响正常发育造成减产的现象。

当轻度干旱时，植株下部叶片中午出现短暂卷曲萎蔫。干旱加剧时，上部叶片在中午也发生短暂萎蔫。严重干旱时上、下部叶片出现昼夜萎蔫，持续严重干旱，则导致永久性萎蔫。灾情严重时，植株枯萎死亡，导致绝收。观察叶片萎蔫情况必须以晴天为准。

黄淮海麦区属于补灌区。小麦全生育期降雨量不足、蒸发量大。冬小麦全生育期自然缺水率达30%～50%，干旱常使冬小麦减产，一般减产率在5%～20%，高者达到40%以上。

二、干旱症状及划分标准有哪些？

从小麦长相看，干旱症状可分为3个等级：

（1）轻旱：中午时上部叶片萎蔫，叶色转深，但很快恢复正常。

（2）中旱：中午时分叶片缺水萎蔫，但至晚间蒸腾降低时仍可恢复正常。

（3）重旱：中午至晚间叶片萎蔫，只有浇水才可恢复正常，历时稍久，则植株死亡。

农业上划分旱灾程度通常用减产百分率。一般减产10%以下为轻旱；减产10%～20%为中旱；减产20%～30%为重旱；

减产大于30%为严重干旱。

三、不同旱灾类型给小麦造成的损失有多大？

（一）秋季干旱

主要是播种至苗期。出现少雨干旱天气，空气相对湿度低，进而引起土壤干旱，使土壤湿度降至田间持水量的60%左右，影响播种，造成"种不下、出不来"、"抢下种、出不全"的缺苗断垄局面，一般缺苗一成减产5%～7%。同时，小麦播种时遇墒情差，往往出现大面积晚播，播种质量差，播后出苗不齐，叶片小而窄，影响分蘖和培育壮苗，麦苗整体素质差，抗灾能力弱，最终导致单位面积成穗不足，成熟期推迟。

（二）冬季干旱

冬旱导致小麦叶片生长缓慢，严重时可造成叶片干枯，根系发育不健壮。常因干旱加重寒害和冻害，出现越冬期黄苗现象，严重时小麦成片出现干叶、死蘖、死苗。一般造成减产10%左右，严重时可达30%以上。

（三）春季干旱

春旱使小麦植株矮小、叶片灰暗，卷缩，穗少穗小、粒重降低，一般减产5%～20%，严重的达40%以上。春季干旱以拔节期和灌浆期干旱为害较重。

1. 小麦返青期至起身期干旱：影响春季分蘖，加重"倒春寒"为害。

2. 拔节期干旱：减低分蘖成穗率，亩穗数减少。

3. 孕穗至扬花期干旱：此期是需水临界期。干旱造成小穗、小花退化，穗头变小，穗粒数减少。

4. 灌浆期干旱：缺水可使部分籽粒退化和光合作用产物积

累减少，后期干旱可造成早衰、逼熟，导致粒重降低而减产。

四、降低旱灾影响的基本措施有哪些？

（一）建设旱涝保收高标准农田

平整土地，防止水土流失；增施有机肥，秸秆还田培肥地力，提高土壤保墒能力。干旱缺水地区要因地制宜修建各种蓄水、引水、提水、雨水积蓄工程及再生水利用；灌区搞好机井配套设施建设，提高水资源的利用率。

（二）选用节水抗旱的小麦品种

抗旱节水品种表现抗寒性好、根系发达、分蘖力强，单位面积成穗数多；茎秆细实，叶片小而上冲，抗干热风，落黄好。遇旱时可有效减少水分不足的不利影响。

（三）合理耕作提高土壤储水保墒能力

在底墒好的情况下，适当深耕，可提高土壤的储水保墒能力，有效增加土壤对降水的积蓄量，促进小麦根系发育和养分吸收。秋旱致底墒不足，深耕可加重耕层失墒，影响出苗，适当少耕或免耕，利用秸秆覆盖，保证小麦播种墒情。

（四）推广抗旱节水栽培技术

1. 精耕细作，麦田达到上虚下实，无明暗坷垃。在底墒不足时，有灌溉条件的要灌足底墒水，切勿抢墒播种。

2. 适当晚播，防止旺长。降低苗期对水分的无效消耗，底墒足，整地质量好，可免浇冻水和返青起身水。

3. 镇压划锄、中耕保墒。耕层坷垃较多、秸秆还田后地虚，或灌水及雨后土壤板结龟裂时，镇压可有效防止土壤水分的蒸发。"锄头底下有水又有火"，返青后土壤返浆时，及时划锄，切断土壤毛细管，减少水分蒸发；疏松土壤，增加降水渗入，提高地温，加速养分转化，消灭杂草，减少水分与养分非生产消耗。

4. 有灌溉条件、保墒能力强、整地质量好、选用抗旱节水品种的麦田，前期适度干旱胁迫，促进根系下扎，增强后期抗旱能力。在小麦全生育期降雨量 100 毫米左右的年份灌好拔节、抽穗两次关键水，可实现节水高产。

5. 喷抗旱剂、根外追肥，可增强小麦的抗旱能力。开花到灌浆初期喷施 1%~2% 尿素溶液、0.2% 磷酸二氢钾溶液，每亩用量 50~75 公斤，连喷 2 次，可增强后期抗旱能力。

6. 做好病虫害综合防治，延长叶片功能期，提高小麦抗旱能力。

五、遭遇旱灾后应采取什么补救措施？

（一）小麦播后干旱补救措施

对播后出现干旱的麦田出苗前不易灌溉，尤其不能大水漫灌，播种后 5~7 天小麦出苗平土时沟灌、喷灌。三叶期不能大水漫灌，否则造成闷心、烂根，对分蘖不利。

对因干旱缺苗断垄的麦田，要查苗补种和疏苗移栽。补种可以先浸种催芽，用 500 倍磷酸二氢钾浸种 6~12 小时，促根壮苗，增加分蘖，增强抗性。

冬前因整地质量差，土壤架空造成干旱缺水，形成黄弱苗麦田，俗称"缩脖苗"。要及时浇水，补充水分，否则难以越冬。如果麦田未施底肥或土壤肥力不足，可结合浇水追肥。浇水后要及时中耕划锄保墒，防止土壤板结。

（二）春季干旱补救措施

对因干旱受冻麦田，应趁返青期土壤返浆的有利时机，锄划保墒，提高地温，一般不宜浇水；但遇到特大干旱，小麦难以生存时，应立即浇水。结合浇水，合理施肥，促进受旱、受冻麦苗转化。干旱麦田在气温骤降前及时浇水，可减轻"倒春寒"为害。

（三）中后期干旱补救措施

拔节、孕穗和灌浆期是需水的关键时期，有灌溉条件的麦田遇到干旱应立即灌水；无灌溉条件的麦田，应立即叶面喷水或叶面喷洒保水剂。

六、冬小麦春旱防御技术有哪些？

（一）及时蓄水保墒

小麦返青到拔节期，是小麦生长发育的关键时期，是小麦穗分化确定穗粒数和促进分蘖成穗保证亩穗数构成两个产量要素的重要时期，此时蓄水保墒，加强春管十分重要。一是镇压，在小麦返青后进行镇压，对麦田可压实下层，疏松表层土壤，既可起到蓄水保墒作用，又可使麦苗由旺转壮，壮苗更壮；二是锄划，适时对麦田进行锄划，既可起到蓄水保墒作用，又可促进小麦根系下扎，提高抗旱能力。这两项传统农业措施，不仅可蓄水保墒，减少水分蒸发，而且还可促进和调节小麦生长发育，提高穗分化程度，增加分蘖成穗能力，增加亩穗数和穗粒数。长势弱的、有凌冻时或早晨不宜镇压，以免碾伤麦苗，影响生长。这是农民长期积累的宝贵经验，现代农业也不应弱化。

（二）加强肥水运筹

合理使用氮肥，氮肥过多或不足都不利于耐旱。增施磷钾肥促进小麦根系生长。增使有机肥，能改善土壤的物理性状，发挥土壤蓄水、保水和供水的能力，从而提高抗小麦的旱性。对缺水、水源不足或灌溉周期较长的麦田，要提前谋划，分类制订预案，根据小麦长势类型，排出先后浇水顺序，根据不同苗情、墒情适当提前或延后浇水，早动手，浇小水，扩大灌溉面积，防止造成重旱发生。对不缺水或有水源的麦田，要分类管理：三类田群体偏小、长势偏弱，应以促为主，在保墒蓄水、提高地温的同时，应尽早补足水肥，在返青期，利用土壤返浆或降雨，必要情况下可浇水，亩追施尿素 8～12 公斤，拔节后再浇水追尿素 7～10 公斤；一、二类田群体适宜、底肥充足、墒情较好的，也应以蓄墒为主，并分别在拔节期和起身期浇水追施尿素 10～15 公斤；旺长田群体过大，有旺长现象和苗头的，要以控为主，蓄墒控苗，返青期镇压 1～2 次，起身期喷施壮丰安等控节间、促壮苗，拔节后期浇水并亩追尿素 8～12 公斤。各类麦田在追肥时，都应配施适量磷酸二铵或磷酸二氢钾。

（三）病虫综合防控

在返青到拔节期适时喷施叶面肥、杀虫杀菌剂等，以利保持麦田合理群体，促进苗健苗壮。亩用喷施宝 10～20 毫升、5% 的吡虫啉乳油 2 500 倍液、10% 浏阳霉素乳油 2 000 倍液、25% 的三唑酮 2 000～3 000 倍液等，可有效防治小麦蚜虫、红蜘蛛、纹枯病等病虫害的发生；亩喷施 0.3% 的磷酸二氢钾、2% 的尿素滤液和 1% 的葡萄糖液可防春寒、促壮苗。

（四）使用保水抗旱剂

保水抗旱剂能够吸收和保持自身重量 400～1 000 倍水分，最高者达 5 000 倍。保水剂可将土壤中多余水分积蓄起来，减少渗漏及蒸发损失。随着小麦生长，保水剂逐渐将水缓缓释放出来，供应小麦生长需要。叶片蒸腾抑制剂，例如黄腐酸、十六烷醇溶液，喷洒至叶片后，可降低水分蒸腾。

七、小麦渍（涝）害的为害有哪些？

小麦渍（涝）害是指土壤水分达到饱和时，造成空气供应不足，而对小麦正常生长发育所产生的为害。主要发生在地势低洼、排水不良的麦区。

小麦渍（涝）害的为害主要表现为：受湿害的小麦根系长期处在土壤水分饱和的缺氧环境，根系吸收功能减弱，正常植株体内水分反而亏缺，严重时造成脱水、凋萎或死亡，因此，湿害又常表现为生理性干旱。小麦从苗期至扬花灌浆期都可受害。

（一）苗期受害

若播后苗前遇渍害，如淹水时间过长，易感染根腐病菌，造成窒息烂籽，不能出苗。苗后受害造成种子根伸展受限制，次生根明显减少，根系不发达，苗瘦、苗小或种苗腐烂，成苗率低，叶黄，分蘖延迟，分蘖少，甚至不分蘖，僵苗不发。

（二）返青至孕穗期受害

小麦根系发育不良，根量少，活力差，黄叶多，植株矮小，茎秆细弱，分蘖减少，成穗率低。

（三）孕穗期受害

小穗小花退化数增加，结实率降低，穗小粒少。

（四）灌浆成熟期受害

使根系早衰，叶片光合功能下降，遇有高温气候，蒸腾作用增强，根系从土壤中吸收的水分不足以弥补植株体内水分的亏缺，引起生理缺水，绿叶减少，植株早枯，功能也早衰，穗粒数少，千粒重降低，出现高温、高湿逼熟，严重的青枯死亡。

小麦湿害的敏感期在孕穗期，始于拔节后 15 天，终于抽穗期。此期土壤过湿引起大量小花、小穗败育，使粒数下降最大，不仅造成"库"的减少，粒重随之降低，表明"源"也受到限制。

八、怎样防御小麦渍害？

渍害发生时会造成根系早衰，并可能造成纹枯病等发生，所以，需提前防御小麦渍害。小麦渍害的防御措施有：

（一）建立排水系统

开挖完善田间沟系配套，田内采用明沟和暗沟结合，排水降暗渍，千方百计减少耕作层滞水是防止小麦湿害的主攻目标。

（二）适度耕翻

深耕能破除坚实的犁底层，促进耕作层水分下渗，扩大作物根系的生长范围。深耕应掌握熟土在上、生土在下、不乱土层的原则。

（三）合理施肥

增施有机肥，施足底肥，当湿害发生时，应及时追施速效氮肥，以补偿氮素的缺乏。延长绿叶面积持续期，增加叶片光合作用速率，从而减轻湿害造成的损失。

（四）选用抗湿性品种

如众麦1号具有较好的耐湿性能。

（五）喷施生长调节剂

在湿害逆境下，小麦体内正常的激素平衡发生改变，产生乙烯和脱落酸，加速植株老化。适当喷施芸苔素、惠满丰、杀菌剂及叶面肥，以延缓衰老过程。

九、小麦冻害的类型有几种？

（一）冬季冻害

冬季冻害是小麦进入冬季后至越冬期间由于寒潮降温引起的冻害，极端最低温度、持续时间和冷暖骤变的烈度决定其损害的程度，冻害较轻时仅叶片黄白干枯，对产量影响不大，严重时主茎和大分蘖冻死，心叶干枯。

冬小麦冬季冻害又可分为3类：初冬温度骤降型、冬季严寒型和越冬交替冻融型。

1. 初冬温度骤降型（11～12月）

指在小麦刚进入越冬期，突遇气温骤降至0℃以下，麦苗因未经抗寒锻炼，叶片迅速青枯。苗质弱、整地差、土壤空隙大及缺墒的麦田会受冻害，播种过早或因前期气温高而生长过旺的小麦更易受害。

2. 冬季严寒型（12月下旬至翌年2月初）

指冬季麦田3厘米深处地温降至－25℃以下时发生的冻害。冬季持续低温并多次出现强寒流时，会导致小麦地上部分严重枯萎甚至成片死苗。冬前积温少，麦苗弱或秋冬土壤干旱的年份受害更重。

3. 越冬交替冻融型（12月下旬至翌年1月底）

小麦正常进入越冬期后出现回暖天气，气温增高，土壤解冻，幼苗恢复生长，只是抗寒性减弱。暖期过后，若遇大幅度降温，会发生较严重的冻害。外部症状是叶片干枯严重，先枯叶、后死蘖。

根据受冻后的植株症状表现可将冬季冻害发生的程度分为两类：

（1）第一类是严重冻害。发生在已拔节或即将拔节的麦田，主茎和大分蘖的幼穗受冻，生长点不透明，萎缩变形，失水干枯，影响产量。在一株小麦中，主茎和大分蘖比小分蘖先进入拔节期，易受冻害；而小分蘖发育进程慢，一般不会受冻，主茎和大分蘖受冻后及时采取肥水促进，小分蘖可以抽穗，但穗小、粒轻。

（2）第二类是一般冻害，发生在没有拔节的麦田，症状表现为叶片受冻，黄白干枯，但主茎和分蘖都没有冻死。这类冻害对产量影响很轻，或基本没有影响。

（二）春季冻害

春季冻害也称晚霜冻害，是指小麦在过了"立春"季节进入返青至拔节这段时期，因寒潮到来降温，地表温度降到0℃以下所发生的霜冻害。根据发生冻害的早晚又可分为早春冻害、春末晚霜冻害和春末低温冷害。

1. 早春冻害

早春冻害是小麦返青至拔节期（2月中旬至3月上旬），因寒潮来临发生的霜冻为害。近几年，随着品种变更，早春冻害已成限制产量的重要因素，有时比冬季冻害还严重。

早春冻害主要是主茎、大分蘖幼穗受冻，形成空心蘖，外部症状表现不太明显，叶片轻度干枯。一般晚播麦比早播麦受害轻，发育越早的植株越容易受冻。田间常出现主茎冻死、分蘖未被冻死。或一个穗子部分被冻死、籽粒严重缺失，显著影响产量。早春冷暖骤变和冻融交替还会造成死苗。

2. 春末晚霜冻害

春末晚霜冻害多发生于3月中旬到4月上旬，小麦拔节后已完全失去抵御0℃以下低温的能力，当寒潮来临时，夜间晴朗无风，地表温度骤降至0℃以下就会发生冻害，通常把晚霜冻害叫做"倒春寒"。降温幅度大、低温持续时间长，小麦受害重。有些年份会出现多次春霜冻害，尤其是早播春性品种更易受害。

3. 低温冷害

低温冷害指小麦生长进入孕穗阶段时，因遭受0℃以上低温，致使幼穗遭到的伤害，气象上称之为冷害。发生时间多在4月中下旬，因此时植物幼嫩，含水量较高，对低温的抵抗能力最弱，此时若遇到4℃以下的寒潮降温，就容易受冻害。受害麦株茎叶无异常，受害部位多为穗。主要表现为：形成"哑巴穗"，幼穗干死在旗叶叶鞘内；出现白穗，抽出的穗只有穗轴，小穗全部发白枯死；出现半截穗，抽出的穗仅有部分结实，不孕小花数大量增加，减产严重。

十、造成冻害的主要原因有哪些？

（一）播期不当

冬小麦播种后需要通过一段时间的低温，完成春化发育阶段，第二年才能拔节抽穗。通过春化阶段之后的小麦抗寒性会显著降低。春性品种播种过早，冬前通过春化阶段起身拔节，冬季遇到0℃以下的寒潮，其主茎或大分蘖就会冻死。播种期过迟，形成弱苗，也易造成冻害。

（二）气温骤降

秋季季节气温逐渐降低，可使小麦受到抗寒锻炼，抗寒性增强。如果在气温较高的天气情况下，突然降温至0℃以下，会使小麦遭受冻害。

（三）播量过大

播种量过大的麦田，麦苗簇集在一起，蹿高旺长，麦苗纤细；旺长麦田小麦体内积累与贮存的糖分少，抗寒性降低，容易遭受冻害。

（四）播种过浅

浅播或撒播麦苗根系入土浅，分蘖节露在地表，遇雨雪天气，由于气温骤降，形成凌抬现象，拉断麦根，冻死分蘖。

（五）耕作粗放

主要是播期整地质量差，耕层土壤悬虚，播种过深形成弱苗；或坷垃多又大，不利于出苗和根系下扎，麦苗素质差，冷空气到来易侵入土下，冻伤根系；地势低洼地区，春季易发生霜冻现象。

（六）施肥不当

冬前缺肥的田块，麦苗黄瘦，叶片小，生长缓慢，分蘖少，积累的糖分少，不耐冻，在气温骤降时易受冻害；底施氮肥过多，氮肥催得麦苗肥嫩旺长的田块，冻害较重。

十一、如何预防小麦冻害？

经历了多年的冻害，人们总结得出，小麦冻害与寒潮降温强度和低温持续时间的长短有关，也与品种、播期和栽培管理技术等有很大的关系，防御冻害应采取以下一些措施。

（一）搞好品种布局，选用抗寒品种

我国黄淮海麦区北部宜种冬性品种，中部宜种冬性、半冬性品种，南部宜种半冬性品种。江淮之间麦区宜种半冬性品种和抗寒性较好的春性品种，亦可搭配种植春性品种。2005年冻害严重的地块多是在不适于种植春性品种的地区选用了春性品种而引起的；适宜种植春性品种的地区提早播种的地块也出现了严重冻害，过早播种多是因为早播抢墒（播晚了失墒，又无灌溉条件，只能干种等雨出苗）或农民为了播完外出打工而进行的。在这种形势下，江淮之间麦区和黄淮南部麦区应注意适当限制抗寒性差的春性品种的种植面积，避免冻害造成损失；使用抗冻性差的春性品种，农业技术部门应向农民宣传播种适期和早播的严重为害性。

（二）按照品种冬春特性，合理安排播种期

2005年，农业部小麦专家指导组在湖北、河南、安徽、江苏省调查，发现冻害严重的地块均是使用春性品种且过早播种而引起的。所以，在黄淮南部和江淮之间容易发生寒潮降温的地区，选用小麦品种时要选两个或两个以上不同特性的品种，并对小麦播种期作合理安排。要严格掌握春性品种在容易发生寒潮的

地区合理播种期，不要早播，以免发生冻害。

（三）培育壮苗，安全越冬

实践证明，冬前壮苗植株内有机养分积累多，分蘖节含糖量高，壮苗与旺苗、弱苗相比，具有较强的抗寒力。即使在遇到不可避免的冻害情况下，其受害程度也大大低于旺苗和弱苗。培育壮苗的主要措施有培肥地力、适期播种、采用精量半精量播种技术和氮肥后移技术等。

（四）适度控制旺苗麦田

冬前和初春出现旺长的麦苗，要及时采取早春镇压、起身期喷施壮丰安等措施，适度抑制增长，预防冻害，并提高抗倒性。

（五）灌水预防早春冻害

在寒潮来临之前采取灌水、烟熏等办法，可以调节近地面的小气候，对防御春季冻害有很好的效果。受害后应及时追肥浇水，在灌浆初中期喷施0.3%磷酸二氢钾溶液，保证小麦正常灌浆，提高粒重。

十二、小麦冻害发生后的栽培补救措施有哪些？

（一）冬季冻害补救技术

1. 及时追施氮肥，促进小分蘖迅速生长

对主茎和大分蘖已经冻死的麦田，要及时分次追施氮肥。第一次在田间解冻后每亩开沟追施尿素10公斤，缺磷的地块可以尿素和磷酸二铵混合施用。第二次在小麦拔节期，结合浇拔节水施用拔节肥，亩施尿素10公斤。对仅叶片冻枯的麦田，早春应该及早划锄提高地温，促进麦苗返青，在起身期追肥浇水，提高分蘖成穗率。

2. 加强中后期肥水管理，防止早衰

受冻小麦由于养分消耗过多，后期容易发生早衰，在春季第一次追肥的基础上，应该看麦苗生长发育状况，在拔节期或挑旗期适量追肥，普遍进行磷酸二氢钾叶面喷肥，促进穗大粒多，提高粒重。

（二）早春冻害补救管理技术

1. 早春镇压、起身期喷施壮丰安

对旺苗适度早春镇压，克抑制小麦过快生长发育，避免其过早拔节而降低抗寒性；在起身期喷施壮丰安，不仅可以适当抑制生长发育，提高抗寒性，而且还可以抑制第一节间过渡伸长，提高抗倒性。

2. 补肥与浇水

对受到早春冻害的小麦应及时施速效氮肥和浇水促进小麦早分蘖、小蘖快长，以提高分蘖成穗率，仍可获得较好的产量。

3. 加强病虫害防治

小麦受冻害后，自身长势衰弱，抗病能力下降，易受病菌侵染。要及时喷药防治纹枯病、麦蜘蛛等病虫害。

（三）低温冷害补救技术

在低温来临之前采取灌水、烟熏等办法可预防和减轻低温冷害的发生；发生低温冷害后应及时追肥浇水，保证小麦正常灌浆，提高粒重。

十三、晚霜冻害发生受哪些环境条件影响？

（一）晚霜冻害与气候背景及环境条件的关系

一般表现为天气越旱，冻害越重。土壤干旱，土温变幅大，加上受冻的组织解冻蒸发失水得不到及时补充，而冻害加重。

（二）洼地冻害重于高地

冷空气比重大，易在洼地停留，使洼地形成较厚的冷气层，加上洼地辐射散热，形成较强的低温面，使小麦冻害加重。之所谓："风刮屋脊、霜打洼"即此道理。据调查，高低悬殊明显的地块，低洼处冻害率80%，高处只有65%。

（三）晚霜与降温的关系

早春天气回暖，小麦开始生长，自身抗寒能力降低，如遇低温霜冻，易受害。前期天气温暖的时间越长，温度越高，冻害越重。1993年2月21日至4月10日未下透雨，土壤干旱严重。3月31日至4月2日又出现了23.9~23.7℃的高温天气，使小麦由缓慢生长转变为快速生长，遇4月11日零下1.2℃的低温形成冻害。

（四）晚霜与土质条件的关系

土质不同，受冻害程度不同。沙土地持水力差，热容量小，导热率低，白天增温快，夜晚降温快，昼夜温差大，小麦受冻严重。淤土地保肥力强，冻害较沙土为轻。不同土质的冻害重轻顺序为：沙土－黑土－淤土－两合土。

（五）晚霜与栽培条件的关系

晚霜冻害程度与播种早晚、墒情好坏、肥力高低等有密切关系。沈丘县1993年10月上旬播种的小麦，由于播种足墒、壮苗早发，幼穗发育正常，1994年4月11日霜冻来临时，小麦花粉粒已形成，短时的低温（－1.2℃不到1小时）未能致伤花粉粒，发育正常。11月上、中旬浇水出苗的晚播小麦因发育迟，同样没有出现冻害现象。冻害严重的是10月15~20日播种的麦田，其幼穗分化较往年推迟一个生育期，而对低温敏感的四分体期恰与4月11日的霜冻相吻合，受冻严重。土地深耕细耙，实行科学施肥，能提高小麦的抗逆能力。同是一块地，同是西安八号小麦，熟土层厚、土质肥沃的地方小麦冻害很轻，熟土层薄的地方冻害 60%。

（六）晚霜与浇水的关系

浇水不仅能提高地温，还能增加土壤热容量，增强导热率。当寒流来临时，地下的热量向上传导，缓冲气温骤变。土壤湿度越大，近地面空气中水分含量越高，当冷空气入侵时，易使水气凝结放出潜热，减轻霜冻为害。据沈丘县农业部门 1994 年调查：浇水的地块地温提高 1 度以上。同是西安 8 号品种，没浇水的地块冻害率 60%，浇水的地块小麦发育完好。

十四、高产麦田如何预防倒伏？

倒伏是小麦高产的一大障碍。小麦倒伏后茎叶重叠，通风不良，株间湿度增大，光合作用减弱，呼吸作用增强，轻者根茎损伤，影响养分和水分向穗部输送，严重时基部腐烂，千粒重降低，一般减产 30% ~ 50%，倒伏愈早，减产愈重。小麦倒伏的类型分根倒与茎倒，通常以茎倒为常见。根倒是根系入土浅或土壤过于紧密产生龟裂折断根系，造成根部倒伏；茎倒是由于茎基部组织柔弱，第一、第二节间过长，承受不起上部重量，出现弯曲倾斜或折断后平铺于地。

倒伏发生原因　气候因素：在冬季温度高，早春温度回升快，墒情好，小麦拔节快，基部节间过长，灌浆后期先雨后风，可使小麦大面积倒伏；耕作因素：常年旋耕不深耕，耕层太浅，小麦根扎过浅，发育不良；播种因素：播种偏早、播量过大，群体过大，田间郁闭；病虫为害：纹枯病、根腐病为害，根部、茎基部损伤或坏死；施肥不当，重氮轻磷不施钾，早春追氮量过大，拔节早，两级分化慢，大小蘖齐长，植株细弱；品种特性：植株偏高，茎秆较细，弹性较差。

预防措施　选用抗倒品种：如矮抗 58、周麦 16 等；提高整地质量：加深耕层，秸秆还田与深耕配套，深耕与细耙配套；采用合理的播种方式：高产麦田以 20～22 厘米等行距条播为宜；精量播种：根据墒情、品种、整地质量合理确定播量；化学调控：对群体大，长势旺的麦田，在起身期，每亩喷洒 200 毫升/公斤多效唑溶液 30 公斤；防病治虫：早春防治纹枯病。

倒伏后补救措施　小麦出现倒伏后，应利用植物背地曲折的特性自行曲折恢复直立。切忌采取扶麦、捆把等措施，以免破坏搅乱其"倒向"，使小麦节间本身背地性曲折特性无法发挥。及时进行一喷三防，利用杀虫剂、杀菌剂、叶面肥混合喷雾，以促进小麦生长和灌浆。

十五、不同时期的高温对小麦造成什么影响？

（一）秋末冬初高温

播种至出苗期遇到持续高温，会造成出苗加快，麦苗细弱，根系发育不良，次生根发育滞后，根冠比例失调，同时容易缺苗断垄。出苗至越冬期同、遇到气温持续偏高，往往造成麦苗旺长，越冬群体过大，提前拔节，抗冻能力下降，一旦遇到低温寒流或大雪降温，会造成冻害。

（二）早春高温

小麦起身拔节期高温胁迫使小麦节间变长，不利于抗倒，加快穗分化进程减少小穗数，抗寒能力下降易受倒春寒的为害，加重春旱和叶枯病、蚜虫、红蜘蛛等病虫害的发生。

（三）夏初高温

小麦灌浆期高温灾害性天气主要有干热风和雨后青枯。干热风是指日最高气温 30℃以上，相对湿度 30% 以下，风力 3 级以上，持续两天以上的高温天气。小麦受害表现，轻者麦芒和叶尖干枯，颖壳发白；重者叶片、茎秆、麦穗灰白，青干枯死。雨后青枯的主要特征是在小麦成熟前一周左右，降雨前气温由高到低，降雨后气温由低到高成"V"字形剧烈变化，小麦植株迅速脱水死亡，茎秆和穗部变为青灰色，麦芒炸开。由于灌浆不足，造成小麦籽粒瘪瘦，一般减产10~20%，同时降低品质。

十六、减少高温对小麦不良影响应采取什么措施？

（一）秋末冬初高温

1. 保墒整地适期晚播

水地应提前安排好前茬作物收获时期与整地播种工作，如秸秆还田，应尽量切碎深翻入土内，以利充分腐熟，并适当增加氮肥量，均匀播种，苗齐苗全苗匀。旱地可采取秸秆覆盖或雨季前深耕翻，雨后及时耙糖保墒，以蓄足底墒。播前高温干旱，表墒差时，可适当增加播种深度，确保出全苗；对播前持续高温干旱表墒太差时，应先浇水造墒，然后再及时播种。

2. 精量匀播

冬前高温促使小麦苗期个体发育，易形成较多的分蘖，适量少播，能有效减少群体基本苗，防止群体过大。

3. 耙糖镇压

冬前小麦苗期遇到高温后，生长量增大，个体生长快，遇寒流极易受冻。耙糖镇压，主要造成部分叶片受损，抑制地上部分生长过快过旺，由旺转壮实现壮苗越冬。时间掌握在12月上、中旬，选择晴天下午进行，一般采用人工顺垄踩压，或碾压1~2次。镇压时要注意：地过硬及大冻时不压，地过湿有霜时不压，有大风降温时不压。

4. 中耕断根

对于各类高温形成田间群体过大的旺长麦田，可用锄隔行中耕 8~9 厘米，切断部分麦苗根，减少养分输送，控制小麦生长过旺。

5. 化学调控

对于冬前高温旺长麦田，每亩用 20% 多效唑可湿性粉剂 40~60 克，或 40% 壮丰安乳油 35~40 毫升，对水 35 公斤，均匀喷洒，可抑制冬前小麦生长过快，达到控制旺长，实现壮苗的目的。

（二）春季高温

春季高温旺长麦田要特别注意预防低温或"倒春寒"，注意收听收看天气预报，遇到降温，应提前灌水防冻。一旦发生冻害应及时追肥浇水进行补救，降低损失。

1. 深中耕

深中耕可以切断部分根系，控制根系营养吸收，同时清理越冬后的退化小蘖老叶，有利于麦田通风透光，有蹲缩小麦基部茎节作用，防止后期倒伏。

2. 春肥后移

推广春氮后移技术，推迟春季施肥。对于长势较好、群体过大的麦田一般于拔节后期每亩施尿素 5~8 公斤，有利于蹲节控旺，既可防止倒伏，有可提高大分蘖成穗率。对于长势不好，早春冻害较重的麦田，要在起身后及时浇水，同时亩施尿素 7~10 公斤，以促蘖成穗，增加粒数。

3. 化学防控

于返青期喷施生长延缓剂，一般每亩用 5% 烯效唑可湿性粉剂 30~35 克，或 15% 多效唑可湿性粉剂 30~40 克，或 20% 壮丰安乳油 40～50 毫升，加水 45～50 公斤喷洒。

（三）灌浆期高温

1. 浇好灌浆水

在小麦扬花后 10～12 天，适时浇好灌浆水，切忌大水漫灌，掌握"风前不浇，有风停浇"的原则。

2. 重视叶面喷肥

小麦灌浆期喷洒磷酸二氢钾 2～3 次，每亩次用磷酸二氢钾 150～200 克，优质小麦和缺肥发黄的麦田每亩增加 0.5～1 公斤尿素，对水 40～50 公斤均匀喷洒，可延缓叶片青枯衰老，预防"高温逼熟"和"干热风"为害。

十七、干热风的类型及气象指标有哪些？

根据试验和统计资料分析，干热风的为害是在热、干、风 3 个因素的共同胁迫下，由高温胁迫诱发干旱胁迫，风起到增强胁迫的作用而形成的。因此，依据这 3 个因素来划分干热风类型，主要有两种：

（一）高温低湿型

在小麦灌浆阶段，连续出现 2 天以上高温、风大、湿度低的天气，小麦叶片出现萎蔫，茎秆变成灰绿色，麦穗失水变成灰白色，千粒重下降。根据减产程度大小，高温低湿型又分为轻型和重型。

1. 轻型干热风

日平均气温 32℃，14 时相对湿度≤30，风速 3 米/秒以上，小麦减产 5%～10%。

2. 重型干热风

日平均气温 35℃，14 时相对湿度≤25，风速 3 米/秒以上，小麦减产 10% 以上。

（二）雨后热枯型

一般在成熟前 10 天内，有一次小到中雨，雨后乍晴，3 日内有 1 日在小麦灌浆期间连续降水或一次降水较多，造成土壤透气性差，根系活力衰退，又遇雨后猛晴，高温暴晒，叶面蒸腾强烈，水分供应不足，茎叶出现青灰色，麦芒灰白色干枯，产量和品质下降。

十八、怎样预防后期干热风？

干热风是指小麦生育后期，由于高温、低湿并伴随大风使小麦减产的一种气象灾害。常出现在小麦灌浆中、后期，尤其灌浆中期为害最大，轻者减产 5% 左右，重者减产 10% ~20%。

为害症状　轻者麦芒干枯，继而逐渐张开，即出现炸芒现象，穗部脱水青枯，籽粒萎蔫，颖壳发白，叶片卷曲发白；重则严重炸芒，顶部小穗、颖壳和叶片大部分干枯成灰白色，叶片可卷曲成绳状，枯黄死亡。

预防措施　防御干热风必须采取综合措施，概括来说，应抓好："改、躲、抗、防" 4 条措施。改，就是改变农业生产条件，改善农田小气候，逐步建设高产、稳产农田。躲，就是选用早熟高产品种，采用适时早播等栽培措施，促使小麦提早成熟，躲灾以减轻干热风为害。抗，就是选用抗旱、抗病、抗干热风能力强、落黄好的优良品种，抗御干热风为害。防，就是在干热风来临前，采取有效的防御措施，包括浇好灌浆水、避免氮肥使用超量、增施有机肥、磷钾肥料，孕穗至灌浆期喷施 0.2% ~0.3% 的磷酸二氢钾溶液等。

十九、如何防止小麦后期早衰？

小麦早衰是指植株不能正常成熟、提早衰亡的现象。早衰会使小麦的灌浆期缩短，粒重下降，从而造成产量大大降低。造成小麦早衰的原因很多，主要有干旱胁迫、营养缺乏、盐碱为害、土壤渍水、管理不当（主要是肥水运筹不当）及病虫害等。预防小麦早衰，要针对发生早衰的原因，采取相应的技术措施：

（一）防治病虫害

小麦生育后期尤其是高产田块常发生病虫为害，一般有白粉病、条锈病、赤霉病、叶枯病、蚜虫、小麦黏虫等为害，如不能及时防治会大幅度降低小麦千粒重和内在的品质。

（二）叶面喷肥

在小麦抽穗期和灌浆期叶面喷施微肥或生长调节剂，能延长功能叶的寿命，提高光合能力，增加粒重。

二十、造成小麦药害的原因有哪些？

小麦田药害是由于农药使用剂量不当或施药时间和方法不当，农药中的化学物质深入植物体后，使植物新陈代谢发生变化，生长发育受到抑制，外部形态出现畸形，甚至死亡的现象。常见的药害主要是由不正确使用化学除草剂引起的。一般情况下，杀菌剂和杀虫剂不易引起小麦的药害。但个别杀菌剂（例如三唑酮等）在拌种时，如果使用过量或土壤湿度过低时，可引起出苗推迟或发芽率低等现象；乳油类杀虫剂使用不当，也可以引起小麦叶片灼伤现象。小麦产生药害的原因很多，主要是使用不当所致。

（一）用药量过大

生产中经常会遇到为了追求除草剂效果，随意加大用药量，或将2种以上除草剂不减量混合使用。不仅造成小麦生产严重要害，其在土壤中的残留还会造成对下茬作物产生药害。

（二）喷施不均匀

由于田间杂草生长分布不均匀，有的地方杂草密度大，有的地方杂草密度小，在操作过程中，施药人员有意地对杂草多的地方喷药多，杂草少的地方喷药少，致使杂草密度大的地方药量加倍，而造成小麦出现药害。

（三）药液浓度过大

由于目前农村剩余劳动力少，且大多是妇女和老年人，为减小劳动强度，在施药时普遍存在对水量小，致使药液浓度过大，容易造成小麦植株出现灼伤。

（四）农药质量不合格

有的除草剂质量本身有问题，所含的助剂、乳化剂、扩散剂等不合格或超标，而使小麦产生药害。

（五）施药后气温过低

在冬前使用除草剂时常会出现低温、强寒流天气，如在施药后1~2天遇到这样的天气，小麦极易产生药害。早春使用除草剂时，如遇倒春寒，也会导致小麦药害程度加重。

二十一、小麦田药害的预防和补救措施有哪些？

（一）药害的预防

1. 选用合格除草剂

购买正规厂家生产的合格农药。不要购买没有厂址、没有生产标准和没有农药登记编号的农药，以减少药害或不必要的损失。

2. 用足水量，均匀喷施

要根据小麦面积，确定用药总量，不要随便增加剂量，用水量每亩不得低于50公斤，在喷雾过程中，尽量喷施均匀，严禁重喷。

3. 避开低温寒流施药

晚春或早春喷施除草剂，一定要掌握在冷尾暖头，即寒流过后温度回升时施药，一般应掌握在平均气温 8℃以上开始施药，以避免因冻害而加重药害的程度。

（二）药害产生后补救办法

1. 喷施调节剂

一旦药害出现后，要及时喷施调节剂、叶面肥，如多元微肥、腐植酸等，刺激小麦的生长发育，减轻药害。经常的解毒药物如每亩用赤霉素 2 克，或 0.01% 芸苔素 20 克，对水 50 公斤均匀喷洒麦苗，可刺激麦苗生长，减轻药害。

2. 加强栽培管理

在发生药害的麦田有条件的可以灌一次水，增施分蘖肥，以减缓药害的症状和为害。

第九章　小麦用药技术

一、麦田如何正确选择农药？

根据无公害农产品生产的要求，在小麦安全生产过程中，农药使用的原则是：优先使用生物和生化农药，严格化学农药使用；应选用"三证"（农药登记证、农药生产批准证、执行标准证）齐全的高效、低毒、低残留、环境兼容性好的化学农药；每种有机合成农药在小麦生长期内应尽量避免重复使用，杜绝使用已禁用的农药。

小麦的安全生产与小麦的卫生品质密切相关，在小麦病虫害防治工程中，应遵循以下4点：一是以预测预报为主的原则；二是以生物防治为重点的原则；三是推行农业和物理防治措施；四是优化化学防治方法。

二、麦田如何安全使用农药？

小麦生产过程中要不断改进农药使用方法，提高农药利用率，降低农药用量，保证农药的使用安全。根据当地病虫草害的种类，确定主要防治对象，明确防治的关键时期，筛选使用农药的种类、使用方法和使用剂量。

小麦安全生产中推荐使用的农药及其安全使用标准

防治对象	使用药剂	使用方法	使用剂量	安全使用期
地下害虫	50%辛硫磷颗粒剂	土壤撒施	3公斤/亩	播种期
	50%辛硫磷乳油	拌种	20毫升/10公斤	
	50%毒死蜱颗粒剂	土壤撒施	100～150克/亩	
纹枯病	2.5%咯菌腈悬浮种衣剂	包衣	20毫升/10公斤	播种期返青拔节期
	3%苯醚甲环唑悬浮种衣剂	包衣	20毫升/10公斤	
	2%戊唑醇水分散粒剂	拌种	10～20克/10公斤	
	5%烯唑醇可湿性粉剂	喷雾	1 500倍.30升药液	
	25%丙环唑乳油	喷雾	1 500倍.30升药液	
全蚀病	12.5%硅噻菌胺悬浮种衣剂	包衣	20毫升/10公斤	播种期
	3%苯醚甲环唑悬浮种衣剂	包衣	80毫升/10公斤	
白粉病	12.5%烯唑醇可湿性粉剂	喷雾	1 500倍液.50升药液	抽穗前后，收获前20天停用
	15%三唑酮可湿性粉剂	喷雾	1 000倍液.50升药液	
	25%丙环唑乳油	喷雾	2 000倍液.50升药液	
	43%戊唑醇悬浮剂	喷雾	4 000倍液.50升药液	
锈病	25%腈菌唑可湿性粉剂	喷雾	2 000倍液.50升药液	发病初期，收获前20天停用
	12.5%烯唑醇可湿性粉剂	喷雾	1 500倍液.50升药液	
	43%戊唑醇悬浮剂	喷雾	4 000倍液.50升药液	
赤霉病	50%多菌灵可湿性粉剂	喷雾	800倍液.50升药液	扬花末期，收获前20天停用
叶枯病	12.5%戊唑醇可湿性粉剂	喷雾	1 500倍液.50升药液	发病初期，收获前20天停用
	25%丙环唑乳油	喷雾	1 500倍液.50升药液	
蚜虫	10%吡虫啉可湿性粉剂	喷雾	2 000倍液.50升药液	收获前20天停用
	3%啶虫脒乳油	喷雾	2 000倍液.50升药液	
	5%氯氰菊酯乳油	喷雾	3 000倍液.50升药液	收获前7天停用
	2.5%溴氰菊酯乳油	喷雾	2 000倍液.50升药液	

（续表）

防治对象	使用药剂	使用方法	使用剂量	安全使用期
黑穗病	2%戊唑醇水分散粒剂	拌种	10～20毫升/10公斤	播种期
	15%三唑酮可湿性粉剂	拌种	20克/10公斤	
红蜘蛛	10%浏阳霉素乳油	喷雾	2 000倍液.50升药液	拔节至抽穗期，收获前20天停用
	15%哒螨灵乳油	喷雾	15～20毫升/亩	
	2%甲氰菊酯乳油	喷雾	20～30毫升/亩	
吸浆虫	5%辛硫磷颗粒剂	土壤处理	3公斤/亩	发病初期，收获前20天停用抽穗期
	2.5%溴氰菊酯乳油	喷雾	15～20毫升/亩.50升药液	
	80%敌敌畏乳油	撒施	100毫升/亩对水2公斤，拌细土20公斤，撒入麦田倍液，50升药液	
黑胚病	12.5%烯唑醇可湿性粉剂	喷雾	1 500倍液.50升药液	扬花后5天，收获前20天停用

三、为什么有时施用农药后效果不理想？

有些农民多次使用农药后效果不理想，浪费大量的财力、人力，还导致农产品农药残留超标，影响商品价值。造成这种现象的原因有以下几点。一是频繁单一施药，致使病虫产生抗药性，降低了防效；二是没有按照规定的用药量、用药次数及用药方法和安全间隔期使用农药；三是没有抓住病虫防治的关键时期，只治标，不治本；四是没有对症下药；五是农药品种混配不科学；六是不了解有害生物的发生规律。

四、什么是农药安全使用间隔期？

农药安全使用间隔期是指最后一次施药至作物收获时必须间

隔的天数，即作物收获前禁止使用农药的天数。设定农作物安全使用间隔期，是为保证收获的农产品中农药残留量不会超过规定的标准，以免为害食用者的身体健康以及生命安全。各种农药因其种类、性质、剂型、使用方法和施药浓度的不同，其分解消失的速度也不相同，加之各种作物的生长趋势和季节不同，施药农药的安全间隔期也不同。

五、如何使用化学除草剂防治麦田杂草？

当地麦田杂草主要有两大类：一类是阔叶杂草，包括播娘蒿、猪殃殃、荠菜、米瓦罐、泽漆、宝盖草、婆婆纳、铁苋菜、麦家公、刺儿菜、灰灰菜、马齿苋、打碗花等；另一类是禾本科杂草，包括野燕麦、节节麦、黑麦草、早熟禾、看麦娘等。

（一）除草剂配方

防治阔叶杂草：

配方一：亩用20%氯氟吡氧乙酸乳油30～40毫升+10%苯磺隆可湿性粉剂15～18克；拔节孕穗期防治，亩用20%氯氟吡氧乙酸乳油60～70毫升。

配方二：亩用麦锐超（10%双氟磺草胺+10%氟氯吡啶酯）水分散粒剂5～6.7克+专用助剂，年前用药。

配方三：亩用5.8%麦喜（2.5%双氟磺草胺+3.3%唑嘧磺草胺）悬浮剂10～13.5毫升，易年前使用，低温不影响效果。

配方四：亩用20%氯氟吡氧乙酸异辛酯乳油30毫升+56%2甲4氯可溶粉剂40克+10%苯磺隆可湿性粉剂15克。施药后遇寒流易出现药害，易年后拔节前使用。

配方五：亩用飞腾（5%唑草酮+29%氯氟吡氧乙酸异辛酯）可湿性粉剂30～40克，拔节期后也可使用。

配方六：亩用奔腾（22%唑草酮+14%苯磺隆）可湿性粉

剂 10 克，配金植（5% 双氟磺草胺）悬浮剂 5 克，防治抗性播娘蒿效果突出。

防治禾本科杂草：

配方一：阔世玛（3% 甲基二磺隆 +0.6% 甲基点磺隆钠盐）水分散粒剂 15~25 克，宜年前使用，麦苗长势弱易出现药害。

配方二：亩用麦极（15% 炔草酸）可湿性粉剂，春季使用可以延长到拔节孕穗期，建议用药量 30~40 克，可以和防除阔叶杂草的除草剂混用。

配方三：亩用 6.9% 骠马（精恶唑禾草灵 + 安全剂），年前 90~100 毫升，年后 120 毫升，墒情好，效果高，不易与阔叶除草剂混用。

两类杂草同时兼治可选用：亩用 3.6% 阔世玛水分散粒剂 20 克 +20% 使它隆（氯氟吡氧乙酸）乳油 50 毫升，年前使用。

以上药剂对水 30 公斤，全田喷雾。

（二）施药时期

通过田间调查监测，在小麦生产中，冬前比春季进行化学除草效果更好。这是因为麦田杂草生长有 2 个出草高峰期，小麦播种后 30~40 天，这一时期杂草出土量占总量的 90% 以上。冬前施药，麦苗未封行，草小耐药性差，用药量少成本低，即使除草剂在土壤中残留期长一些，对下茬作物也不会造成较大影响。因此，宜在 11 月中、下旬至 12 月上旬，用除草剂进行茎叶喷雾。如遇秋季干旱，杂草出土少，或年前错过施药适期，可在翌年 2 月底－3 月上旬喷施除草剂。拔节后谨慎用药，一定要选择安全性稳定的除草剂。

六、麦田化学除草应注意哪些问题？

（一）准确选择药剂

首先要根据当地主要杂草种类选择对应有效的除草剂；其次

是根据当地的耕作制度选择除草剂；再者，还要不定期地交替轮换使用杀草机制和杀草谱不同的除草剂品种，以避免长期单一使用除草剂致使杂草产生耐药性，或优势杂草被控制了，耐药性杂草逐年增多，由次要杂草上升为主要杂草而造成损失。

（二）严格掌握用药量和用药时期

一般除草剂都有经过试验后提出的适宜用量和时期，应严格掌握，切不可随意加大药量，或错过有效安全施药期。年前温度高、杂草小，可适当减少用药量，年后草龄大、麦苗遮蔽应加大用药量。

（三）注意施药时的气温

所有除草剂都是气温较高时施药才有利于药效的充分发挥，一般要求平均气温8℃以上时施药。

（四）保证适宜湿度

土壤湿度是影响药效高低的重要因素。生长期土壤墒情好，杂草生长旺盛，利于除草剂的吸收和在杂草体内传导，药效快，杀草效果好。因此，应注意在土壤墒情好时应用化学除草剂。

（五）提高施药技术

除草剂一定要采用2次稀释法，以保证药剂分散均匀。施用时一定要做到不重喷、不漏喷，严禁草多处多喷。除草剂要随配随用，不可久放，以免降低药效。

七、植物生长调节剂在小麦上有哪些应用？

植物生长调节物质分为两类：一类是植物激素，指在植物体内合成，并由合成部位运输其他器官组织，调节植物生长发育的微量物质；一类是植物生长调节剂，指那些具有激素活性人工合成的化学调节物质。

（一）复硝酚钠

用3 000倍1.8%复硝酚钠溶液浸种12小时，可促进种子萌发，该浓度下在抽穗期叶面喷雾，有利于开花结实。

（二）三十烷醇

在小麦齐穗期和扬花期，用 0.5 毫升/公斤溶液喷雾 2 次，可增产 10% 以上。

（三）芸苔素内酯

用 0.05～0.5 毫升/公斤溶液浸小麦种 24 小时，对根系生长有明显促进作用；用 0.01～0.05 毫升/公斤在开花期喷雾，增加结实粒与千粒重，增强小麦抗逆性。

（四）多效唑

用 15% 多效唑可湿性粉剂 5～6 克，对水 1.5 公斤，拌麦种 7.5 公斤，阴干后播种，可使麦苗矮壮，叶色浓绿；对旺长麦苗，在小麦起身期，每亩用 200 毫升/公斤溶液 30 公斤喷雾，可使植株矮化，抗倒伏能力增强，并可兼治白粉病和提高对氮素的吸收率。

（五）壮丰安（20% 甲・多微乳剂）

在小麦拔节期，每亩用量 30～50 毫升进行叶面喷雾，可提高小麦抗倒伏能力。

第十章　小麦优质高产主推技术

一、适合沈丘县的小麦主推技术有哪些？

2005 年以来农业部正式发布的小麦全国主推技术有 10 项，其中，精量播种高产栽培技术、氮肥后移优质高产栽培技术、节水高产栽培技术、优质小麦无公害标准化生产技术、黄淮海小麦/玉米轮作平衡增产技术、晚播小麦应变高产栽培技术，以及病虫草害综合防治技术等六项适合我县推广应用。

二、什么是冬小麦的精播、半精播高产栽培技术？

精播、半精播高产栽培技术（以下简称精播、半精播）是一套小麦产量高、经济效益高、生态效应好的高产栽培技术。它的基本内容是：在地力较高，土、肥、水条件较好的基础上，通过适当减少基本苗数，依靠分蘖成穗建立麦田合理的群体动态结构，改善群体内光照条件，促进个体生长健壮，根系发达，提高分蘖成穗率，单株成穗多，每一单茎的光合同化量高，穗部对养分要求能力强，从而保证穗大、粒多、粒饱。在每亩产 350 公斤以上的地力条件下运用这一栽培技术，一般每亩可产小麦 500 公斤及以上。精播技术适于高肥力，精播种条件下，基本苗较少；半精播技术适于中高肥力，一般播种条件下，基本苗多于精播。目前生产上多用半精播栽培技术，目的是避免大播量、大群体造成穗多粒少粒轻或者招致倒伏、产量不高。

（一）技术优点

1. 改善光照条件，个体发育健壮

能有效解决高产与倒伏的矛盾，精播（基本苗 8 万株/亩）、半精播（基本苗 15 万株/亩）栽培，降低了单位面积基本苗的数量，改善了田间的通风透光条件，叶片制造的光合产物多，有利于茎秆充实，个体发育健壮，降低了田间湿度，对小麦病害不利发生；由于精播肥水促控合理，基部第一节、第二节间较短，表现了较强的抗倒伏能力。

2. 改善光合性能和同化物质的分配

小麦精播、半精播栽培，播种量小、基本苗少，群体光合速率最大值出现的偏晚，有利于后期群体光合速率的一个和保持较高水平，增加了碳水化合物的制造与积累，向穗部分配的比例大，有利于籽粒灌浆，增加穗粒数和提高粒重。

3. 根系发达，增强了根的吸收能力

精播、半精播小麦单株具有较多的次生根，根系发达，根系的营养范围广，根系活力强，因而对肥、水的吸收能力强，能提高肥水利用率。

4. 提高小花结实率

采用精播技术，增加植株体内碳水化合物的含量，在一定范围内促进小花发育，提高结实率，增加穗粒数和粒重。

（二）技术要点

1. 打好基础

实行精播、半精播，必须以较高的土壤肥力和良好的水、肥、土条件为基础。要获得亩产小麦 500 公斤以上产量，要求耕层土壤养分含量达到下列指标：麦田 0～20 厘米土层的土壤有机质含量在 1.2% 左右，全氮 0.085%，碱解氮 50 毫升/公斤，速

效磷29毫升/公斤，速效钾90毫升/公斤。

2. 合理利用良种，发挥良种的增产潜力

选用分蘖力较强，成穗率较高，单株生产力高，秸秆矮或中等高度，抗倒伏性能好，株型紧凑，叶片与茎秆角度较小，光合能力强，经济系数高，抗病、抗逆性强，落黄好的品种。

3. 培育壮苗，建立合理的群体结构

（1）适宜的群体结构和叶面积指数　在土壤肥力达到前述条件下，要求群体结构合理，个体发育健壮。一般中穗型品种，精播每亩基本苗10万~12万，半精播每亩基本苗13万~18万，冬前总茎数为48万~60万，年后最高总茎数60万~70万，不超过80万，成穗40万左右，不超过45万为适宜，尽量控制无效分蘖和过多有效分蘖。叶面积指数冬前1左右，起身期2，拔节期3~4，挑旗期6~7，开花后至灌浆期4~5。

（2）施足底肥　以有机肥为主，化肥为辅，重视磷肥。按照以产定肥的原则，高产田每亩施优质有机肥2 000~3 000公斤，纯氮16~20公斤、磷10~12公斤做底肥。缺钾、缺锌的土壤，还应在底肥中适当施用钾肥和锌肥。

（3）适当深耕　要求破除犁底层，以加深耕作层，提高整地质量，足墒播种。

（4）精选饱满、发芽率高、发芽势大的种子做种。运用精播机或半精播机播种，力求播量准确、均匀、深浅一致，深度3~5厘米。

（5）适期播种　要求从播种到越冬开始，有0℃以上的积温600~650℃。精播的播种量3~5公斤/亩。

（6）肥水运筹　不追冬肥及返青肥，返青期重视划锄。根据群体发展趋势，重视起身肥或拔节肥，追肥量为每亩纯氮6公斤。不浇返青水，于施起身肥或拔节肥后浇水。根据墒情浇好开

花水或灌浆水。研究证明，从挑旗到扬花，1 米深土层保持田间持水量的 70% ~ 75%，籽粒形成期降低到 60% ~ 70%，灌浆期为 50% ~ 60%，成熟期降到 40% ~ 50%，是精播栽培拔节以后的高效低耗水分管理指标。

（7）及时防治病虫害。

三、什么是小麦氮肥后移调优技术？

传统冬小麦高产栽培中，有的地方施用氮肥一次性底施，有的地方分为两次，第一次为小麦播种前随耕地将一部分氮肥耕翻于地下，称为底肥，第二次为结合浇水进行的春季追肥。传统小麦栽培，底肥一般占 60% ~ 70%，追肥占 30% ~ 40%；追肥时间一般在返青期至起身期，还有的在小麦越冬前浇冬水时增加一次追肥。上述施肥时间和底肥与追肥比例使氮素肥料重施在小麦生育前期，在高产田中，会造成麦田群体过大，无效分蘖增多，小麦生育中期田间郁蔽，后期易早衰与倒伏，影响产量和品质，氮肥利用效率低。

氮肥后移技术是将一次性底施氮素化肥改为底施与追施相结合；将底施氮肥的比例减少为 50%，追肥比例增加至 50%，土壤肥力高的麦田底肥比例为 30% ~ 50%，追肥增加比例到 50% ~ 70%；同时将春季追肥时间后移，一般由返青或起身期后移至拔节期，土壤肥力高、采用分蘖成穗率高的品种的地块可移至拔节中期至旗叶露尖时。

这一技术可以有效地控制春季无效分蘖过多增生，塑造旗叶和倒二叶健挺的株型，单位土地面积容纳较多穗数，开花后光合产物积累多，向籽粒分配比例大；促进根系下扎，提高土壤深层根系比重和生育后期的根系活力，延缓衰老，提高粒重；提高籽粒蛋白质含量，改善小麦的品质；减少氮素的损失，提高氮肥利用率，减少氮素淋溶。氮肥后移技术适用于高产麦田，尤其是强筋小麦栽培。

根据有关试验结果，亩产量 500 公斤的高产麦田，亩施肥量为：纯氮 14 公斤，五氧化二磷 7 公斤，氧化钾 7 公斤，硫酸锌 1 公斤、硫素 4 公斤，硫素采用硫酸钾或过磷酸钙等形态肥料隔年施用。亩产量 600 公斤的高产麦田，亩施肥量为：纯氮 16 公斤，五氧化二磷 7.5 公斤，氧化钾 7.5 公斤，硫酸锌 1 公斤、硫素 4 公斤。

上述总施肥量中，中上等肥料的麦田，有机肥的全部，氮肥的 50%，全部磷肥、钾肥、锌肥、硫肥均施作底肥，第二年春季小麦拔节期再施留下的 50% 氮肥。高肥力的麦田，有机肥、磷肥、锌肥、硫肥的全部，氮肥的 1/3，钾肥的 1/2 均作底肥，第二年春季小麦拔节时再施留下的 2/3 氮和 1/2 钾肥。

四、什么是小麦节水高产栽培技术？

提高水分利用效率有两大途径：一是通过各种水文、工程等措施将更多的水资源转化为作物的蒸腾用水；二是通过调节农艺措施，更多地依靠植物生理调节提高作物蒸腾用水的利用效率。因此通过改变栽培措施，探索小麦高产与节水相统一的栽培技术，是种植业节水方面的战略性选择。

（一）小麦节水高产栽培的理论基础

小麦苗期需水少，拔节期以后逐渐增多，到孕穗期为小麦需水临界期，至抽穗开花期耗水量达到最高峰，灌浆以后又逐渐减少。整个生育期有两个高峰，一个低谷。两个高峰：一是出苗至越冬。日耗水量为 1.5～2 毫米，其耗水量占整个生育期的 13.8%。二是拔节至开花成熟。日耗水量为 6～7 毫米，其耗水量占整个生育期的 62.8%。一个低谷时越冬至拔节，日耗水量仅 0.32 毫米。全生育期耗水 350 立方米/亩，其中，出苗至越冬占 13.9%、越冬期占 5.4%、返青至拔节占 12.1%、拔节至抽穗占 30.3%、抽穗至开花占 3.9%、开花至成熟占 49%。

（二）小麦最佳浇水次数及优化浇水时间

根据小麦需水规律，应采用"前足、中控、后保"灌溉原则，"前足"即底墒足；"中控"即越冬至起身期要控，因苗制宜推迟春一水时间，减少春季减少次数；"后保"即保证小麦生长后期的水分供给。为此冬麦区第一水在起身末拔节初实施，第二水在拔节中后期或孕穗期，第三水在抽穗扬花期。

（三）小麦节水灌溉的栽培技术

1. 选用早熟、耐旱、穗容量大、多花、中粒型品种。

2. 基肥集中使用磷肥，适当增加基肥氮肥，补施钾肥。全年两茬所需磷肥集中施给小麦，小麦增产显著，夏玉米利用小麦磷肥后效并不减产，配合适当增加基肥中的氮素量，可促进前期长势，增加穗数。

3. 浇足底墒水，精细整地。播种前浇足底墒水，将灌溉水转变为土壤水，通过耕作措施，保持播种后表面松土层，减少蒸发耗水。在常年自然降水量 200 毫米条件下，浇底墒水 75 毫米，即可使土壤贮水量达到田间持水量的 90%，以确保足墒播种。其次是精细整地，深耕细耙，防止玉米秸秆还田地块透风漏气，增加水分消耗。

4. 适当晚播。适当晚播可以减少冬前耗水，对后期灌浆有利，又为夏玉米充分成熟提供了时间，使玉米增产。

5. 增加基本苗。节水小麦依靠多穗增产，力争穗数达到 45 万/亩以上。一般在适宜播期（10 月上旬至 10 月中旬末）范围内，基本苗 23 万~35 万。由于苗多，应缩小行距，保持在 15~16 厘米。

6. 早春划锄保墒，减少无效消耗。划锄保墒，疏松表土层是减少蒸发耗水的最有效的技术，有利于推迟春季灌水时间，促苗早发，控制无效分蘖。

7. 浇好春季关键水。春浇 1 水，灌水时间为拔节至孕穗期；春浇 2 水，最佳灌水期组合为拔节水 + 开花水。每次浇水量为 50 毫米/亩左右，结合浇水适量追施尿素。

五、什么是优质小麦无公害标准化生产技术？

无公害生产技术是实现小麦优质、高产、低本、高效的生产性关键技术。根据不同地区生态和生产条件，分为强筋、中筋和弱筋三类小麦实施。采用这一技术进行小麦生产，不但节省肥料，提高肥料利用率，减少氮素流失，降低污染，提高农产品安全性，保护农田生态环境，实现农业可持续发展；而且可以提高小麦单产，改善品质，提高优质小麦品质的稳定性，增强国产优质小麦的市场竞争力，促进产业化开发，实现农业增效、农民增收。

（一）基地的优化选择

无公害小麦生产基地应远离主要交通干线、污染源（如工厂、医院），符合农业部发布的无公害农产品基地大气环境质量标准、农田灌溉水质标准、农田土壤标准。土壤具有较高的土壤肥力和良好的土壤结构，具备获得高产的基础。具体的适宜指标为土壤容重在 1.2 克/立方厘米左右，土壤耕作层空隙度在 50% 以上，有机质含量在 1% 以上。

（二）播种期管理

1. 精细整地。按照"旱、深、净、细、实、平"标准，及早腾茬、灭茬，高标准、高质量整地。耕层要在 23 厘米以上，犁地耙透，上虚下实，地面平坦，无明暗坷垃。

2. 施足底肥。按照"有机肥、无机肥相结合，氮、磷、钾、微肥相补充"的原则，进行优化配方施肥。宜使用的优质肥有堆肥、厩肥、腐熟人畜粪便、绿肥、腐熟的作物秸秆、饼肥等。允许限量使用的氮肥有尿素、碳酸氢铵、硫酸铵；磷肥有磷酸铵、过磷酸钙、钙镁磷肥等；钾肥有氯化钾、硫酸钾等；微肥有硫酸铜、硫酸亚铁、硫酸锌、硫酸锰、硼酸等。每亩施优质粗肥 3 ~ 5 方、纯氮 6 ~ 10 公斤（折合尿素 13 ~ 22 公斤或碳酸氢铵 35 ~ 60 公斤）、五氧化二磷 6 ~ 9 公斤（折合含磷 12% 的普通过磷酸钙 50 ~ 75 公斤）、氧化钾 5 公斤（折合硫酸钾 9 ~ 9.5 公斤）、农用硫酸锌 1 ~ 1.5 公斤，其他微量元素适量。

（三）土壤和种子处理

每亩用 3% 的辛硫磷颗粒剂 1.5 ~ 2 公斤进行土壤处理，防治金针虫、地老虎、蛴螬等地下害虫。用 2.5% 的适乐时种子包衣剂包衣（或拌种），防治纹枯病、根腐病、全蚀病等土传根部病害。

（四）苗期管理

1. 查苗补种、疏苗补缺、破除板结。小麦出苗后，及时进行田间苗情检查，对缺苗（株距在 5 厘米以上）及断垄的地方，及时进行补苗。在小麦播种至出苗期间，如遇到降水，待地面干燥后及时松土，破除板结，促进种子及早萌发、出苗。

2. 灌冬水。当土壤水分含量低于田间最大持水量的 55% 时，应及时灌水，灌水时间以日平均气温稳定在 3 ~ 4℃ 为宜。

（五）中期管理

1. 起身期。起身初期应进行化锄，以增温、保墒，促进麦苗生育；对于麦田杂草，应结合化锄进行清除，尽量避免使用化学除草剂，减少药剂的污染。必须使用化学除草剂时，要选用高效易分解的低残留类型药剂，且严格按药剂用量施药。

2. 拔节期。结合春季第 1 次肥水，重施拔节肥，每亩普施尿素 6 ~7 公斤。红蜘蛛发生地块，每亩用 1.8% 阿维菌素 3 000 倍液或 20% 扫螨净 30 克及时进行防治。

3. 孕穗期。土壤含水量低于该生育期适宜的水分含量指标（小于田间最大持水量的 70%）时要及时灌溉。对叶色发黄、有脱肥现象的麦田可酌量补施适量氮肥，一般用量控制为氮素 2 ~ 3 公斤/亩。白粉病病株率在 20% ~30%、锈病病叶率在 2% 以上时，每亩用 12.5% 禾果利 40 克或粉锈宁有效成分 7 ~10 克，对水 50 公斤，进行常规喷雾。小麦扬花期有 3 天以上连阴雨天气，应在雨前每亩喷施 12.5% 烯唑醇 40 克或 50% 的多菌灵 80 克，预防小麦赤霉病。

（六）后期管理

1. 浇好灌浆水。当麦田土壤水分含量低于适宜的指标（低于田间最大持水量的 65%）时，要及时灌水。灌水应根据苗情天气情况，掌握好灌水时间和灌水量。

2. 叶面喷肥。用 2% ~3% 的尿素溶液，于下午 5 点后无风天气条件下，每亩喷施 40 ~50 公斤。对于抽穗期叶色浓绿的麦田，每亩喷施 0.3% ~0.4% 的磷酸二氢钾溶液 40 ~50 公斤。

3. 防治病虫害。主要防治对象为小麦穗蚜（防治指标为 500 头/百穗以上）、叶枯病、叶锈病、小麦黑胚病等。每亩用 25% 戊唑醇 30 克加蚜虫净或吡抗 40 克磷酸二氢钾 150 克，对水 50 公斤喷雾，综合施药，兼治多种病虫害。要严格控制喷施的时间，在小麦收获 20 天以前进行，避免对籽粒造成污染。

（七）收获

采用机械收获，适宜时期为蜡熟末期。做到分品种单收、单打、单储。

六、什么是小麦/玉米轮作平衡增产技术？

近年来，随着气候变暖和配肥水平的提高，黄淮海地区小麦生产中应用的品种逐渐由冬性向偏春性发展，为避免冬春两季稠苗旺长和冻害，目前小麦生产上提倡适当推迟播种期。另外，小麦/玉米轮作区农民往往重视小麦、忽视玉米，为了给小麦播种让路，偏重采用产量较低的早中熟玉米品种。小麦、玉米品种搭配不合理，使玉米收获到小麦播种之间存在一段空闲，既浪费光热资源，又使土壤水分蒸发加剧，恶化小麦播种时的土壤墒情。此外，生产中存在的技术问题还有：肥料利用不合理，施用量大，在生产中常常针对一种作物选用肥料，缺乏对整个耕作制度的统筹考虑；小麦收获前后玉米播种不及时或播种后管理不及时，造成出苗迟缓，影响玉米高产。黄淮海小麦/玉米轮作平衡增产技术则是以合理利用光、热、水、肥资源、实现小麦和玉米两种作物平衡增产增效为目标，将单一作物的高产栽培技术优化整合，达到互补、综合的平衡增产效果。与传统栽培方式相比，每亩减少灌溉水 40～80 立方米，节省氮素 30% 以上，水分利用率提高 10%～15%，小麦、玉米两种作物累计每亩增产 50 公斤左右。

技术要点：

（1）优化品种搭配模式：主要根据播期早晚考虑小麦、玉米品种搭配。首先尽量满足玉米生长需求，选择本生态区株高中等、抗病性好、抗到、高产稳产、适宜晚播的优质高产小麦品种和玉米中晚熟高产品种。

（2）提高小麦播种质量：采用玉米灌浆/小麦播种一水两用，玉米收后立即将秸秆粉碎还田进行小麦播种；或采用玉米带茬洇地，机械可以下地时收获玉米并直接粉碎秸秆；遇干旱时需浇足底墒水。播种前施足底肥，精选种子，精耕匀播。因玉米秸秆还田造成部分"地虚"现象，可适当增加播种量以保证全苗。

（3）提高玉米播种质量：小麦收获时立即将秸秆粉碎撒匀，及时贴茬播种，采取单粒种、肥异位同播方式，并注意合理密植

(高产田选密度上限，中低产田适当调整)，种植方式一般等行距机播种植，行距 60 ~ 70 厘米，株距随密度而调整，播种后及时浇水促进出苗。

(4) 优化田间管理措施：结合节水高产栽培、测土配方施肥、病虫害综合防治等技术，做好小麦冬前、春季、后期管理和玉米苗期、穗期、花粒期管理。根据小麦、玉米的需肥特点、产量水平、地力条件，统筹考虑，科学合理配肥。

七、晚播小麦应变高产栽培技术包括哪些内容？

晚播小麦应变高产栽培技术是在小麦播期延迟的情况下实现小麦高产的栽培技术。晚播小麦成因有两种类型：一是由于前茬作物成熟、收获偏晚，腾不出茬口而延期播种。二是由于墒情不足或降雨过多、不得不延迟播期而形成晚播小麦。

(一) 晚播小麦的生育特点

1. 冬前苗小、苗弱

黄淮冬麦区一般把从播种至越冬前积温低于 420℃播种的小麦称为晚播小麦，这种小麦单株冬前苗小，主茎不足 4 片叶，有 1 个分蘖或无分蘖。

2. 春季生育进程快，时间短

晚播小麦幼穗分化开始晚、时间短、发育快，到幼穗分化的药隔形成期可以基本赶上适期播种的小麦。并且播种越晚，穗分化持续时间越短。则不孕小穗相应增加，穗粒数也有所减少。

3. 分蘖成穗率高

春季随温度的升高，分蘖增长很快，成穗率亦比适期播种的高。

4. 开花期晚，千粒重变化不大

晚播小麦开花期晚，开花后籽粒灌浆期缩短，但灌浆强度大，尤其是前期籽粒体积增长快，干物质积累多，因此不少年份千粒重甚至高于适期播种的小麦。成熟期比适期播种的小麦推迟3~5天，但当在灌浆后期遭受干热风为害时，千粒重降低。

（二）应变栽培技术

1. 增施肥料，以肥补晚

晚播小麦前茬作物生育期长、收获晚，而消耗养分多，加上晚播小麦冬前和早春苗小，不易过早进行肥水管理等原因，因此，应增施底肥，以利于促苗早发。施肥方法以有机肥为主，化肥为辅的原则，根据土壤肥力和产量要求，做到因土施肥，合理搭配。亩产350~500公斤的晚播小麦，可亩施有机肥3 500~4 000公斤，氮磷钾三元复合肥100公斤。

2. 选用良种，以种补晚

应选用阶段发育快、营养生长时间短、灌浆强度大的品种，达到粒多粒重、早熟高产的目的。如晚播早熟、粒重穗大的弱春性品种—漯麦18等。

3. 加大播种量，以密补晚

加大播种量，以密补穗，依靠主茎成穗是晚茬麦增产的关键。在10月15日以后播种的，每亩播种量以10公斤为宜。10月中旬以后播种的，每晚播2天每亩增加播量0.5~1公斤。10月25日前后播种的，每亩播种量以12.5~15公斤为宜，基本苗25万~30万，亩穗数26万~35万。

4. 提高整地播种质量，以好补晚

包括：早腾茬，抢时早播；精细整地、足墒下种；精细播种，适当浅播；浸种催芽（播种前用20~25℃的温水浸种5~6

小时，捞出晾干播种）。

5. 科学管理，促壮苗多成穗

包括：镇压划锄，促苗健壮生长；狠抓起身期或拔节期的肥水管理，一般晚播麦田追肥时期以起身期为宜，追肥数量一般可结合浇水追尿素 15 公斤，基肥磷肥不足的，每亩可补施磷酸二铵 10 公斤。对肥力较高、基肥充足、麦苗较旺的麦田，可推迟到拔节期或拔节后追肥浇水；加强后期管理，在开花期或公斤初期浇水，对保花增粒有显著作用，能通过光合高值持续期，并抵御干热风为害。注意防治蚜虫、锈病等。

八、高产创建示范田小麦肥水管理的技术要点有哪些？

实现小麦优质高产，种好是基础，管理是关键。在提高种植基础前提下，应根据小麦不同生育阶段的特点，采用不同的水肥管理措施。

（一）抓好冬季麦田管理

冬小麦冬季的生育特点可概括为：三长一完成，即长叶、长根、长蘖和完成春化阶段发育。这个时期管理的任务是：促苗齐，苗匀，苗足，培育壮苗，实现合理群体，为麦苗安全越冬和春季生育打下良好基础。主要管理措施是：施好施足底肥，及早查苗，补种补栽，合理应用冬前肥水。1. 浇冬水，一般在 12 月下旬浇水，这个时候日平均气温通常在 3 ~ −5℃，夜冻昼消。浇水过晚，水渗不下，遇到寒流时地面易结冰，麦苗会窒息死亡；浇冬水后，一定要在墒情适宜时及时划锄，破除板结，保持墒情。2. 追冬肥，俗话说：施肥"年外不如年里"、"冬追金，春追银"，说明追冬肥的增产作用。追冬肥一般结合浇水进行，但冬肥不应过量。对土壤肥力高、群体量大、壮苗、旺苗，应少施或不施冬肥，以免倒伏或贪青；不需浇冬水的麦田一般可不施冬肥；底肥中未施足磷肥的地块，要注意氮磷配合施用。3. 深耕断根，镇压划锄。深耕 10 厘米以上，可以断老根，促新根，深扎根，对小麦根系有促控作用，对于群体过大的麦田能明显地控制群体的发展。对于过旺、群体过大的麦田，还可以在立冬前后采用镇压措施。镇压在午后进行，以免早晨有霜冻压伤麦苗。划锄是一项重要的管理措施，可以灭草、松土、弥补裂缝、防旱保墒、减轻或防止冻害等。

（二）加强春季麦田管理

主要管理措施是：1. 返青、起身期主攻目标是早返青、早生长。在肥水管理上，对群体适宜的高产麦田，小麦返青起身期可以不施肥浇水，以控制麦苗过旺生长；对个别群体不足的麦田，在起身前后适当施肥浇水。2. 适当化控、除草、防病虫。2月下旬至 3 月上旬小麦起身期，对群体偏大、有倒伏危险的麦田，每亩采用 20% 壮丰安乳油 40 毫升 + 20% 氯氟吡氧乙酸乳油 60 毫升，对水 30 公斤均匀喷雾，起到化控防倒、化学除草的目的。亩用 2.5% 氯氟氰菊酯乳油 70 毫升，加 12.5% 烯唑醇可湿性粉剂 40 克，防治麦蜘蛛和纹枯病等。3. 重施拔节肥水。具体的追肥时间应根据墒情和苗情而定，一般群体适宜的高产田，宜在拔节初期至中期，对于群体偏大的麦田，宜在拔节中、后期追肥水。4. 浇透孕穗水。孕穗期是小麦一生中需水临界期，此期一定要保证有充足的水分，减少小花退化，提高结实率，增加穗粒数。

（三）注重后期管理

后期管理的主要任务目标是：防早衰，防倒伏，促进粒重，改善品质，提高产量。主要措施是：①浇好灌浆水。抽穗灌浆期是小麦需水最多的时期。小麦在扬花后 10 ~ 15 天及时浇灌浆水，从而保证生理用水，同时可以改善田间小气候，减轻干热风为害，延缓叶片和根系衰老，增加粒重，提高蛋白质、面筋含量。②一喷三防。小麦扬花后灌浆期间，选择晴天下午 4 点以后，叶面喷施 10% 吡虫啉可湿性粉剂 40 克，加 40% 氧化乐果乳油 80 毫升，25% 戊唑醇可湿性粉剂 30 克、磷酸二氢钾 150 克，对水 50 公斤，叶面喷雾，7～10 天再喷第 2 遍。不但能增产，还可提高蛋白质含量，延长面团稳定时间。

九、什么是小麦"一喷三防"？

小麦"一喷三防"技术是在小麦生长后期，即抽穗至籽粒灌浆期，在叶面喷施植物生长调节剂、叶面肥、杀菌剂、杀虫剂等混配液，通过一次施药达到防干热风，防病虫、防早衰的目的，实现增粒增重的效果，确保小麦丰产增收。

（一）小麦"一喷三防"的作用

1. 高效利用，养根护叶

磷酸二氢钾等叶面肥直接叶面喷施，植株吸收快，养分损失少，肥料利用率高，兼治效果好，可以快速高效地起到养根护叶的作用。

2. 改善条件，抗逆防衰

喷施"一喷三防"混配液可以提高植株保水能力，抵抗干热风为害，防止后期植株青枯早衰。

3. 抗病防虫，减轻为害

叶面喷施杀菌剂，可以产生抑制性或抗性物质，阻止病原菌的侵入，抑制病害的蔓延；叶面喷施杀虫剂，农药迅速进入植株体内，可以毒死刺吸式害虫，农药同时对害虫有触杀和熏蒸作用，通过喷药直接杀死害虫，防止或减轻害虫对小麦生产造成的损失。

4. 延长灌浆时间，提高粒重

喷施植株生长调节剂后，可以延缓衰老，提高根系活力，保持小麦灌浆期根系的吸水功能，减少叶片水分蒸发，避免干热风造成植株大量水分散失而形成青枯早衰。促进小麦叶片的叶绿素含量提高，促进叶片强光合作用，增强碳水化合物的积累和转化，促进籽粒灌浆，提高粒重，增加产量。

(二) 技术要点

1. 小麦生育后期病害的防治

小麦"一喷三防"喷药时期是在抽穗扬花期和灌浆期，根据病虫和干热风发生情况进行 1 ~ 2 次。①防治小麦锈病、白粉病，每亩用 15% 三唑酮可湿性粉剂 80 克或 12.5% 烯唑醇可湿性粉剂 60 克，对水均匀喷雾。②防治赤霉病，在小麦扬花初期 (10% 扬花) 第一次喷药，如果遇到连续阴雨天气，在第一次喷药 5 ~ 7 天后，第二次用药，每亩用 60% 多·酮可湿性粉剂 70 克或 70% 甲基硫菌灵可湿性粉剂 120 克，对水均匀喷雾。

2. 小麦生育后期虫害的防治

主要有蚜虫、吸浆虫等。①防治蚜虫，可以用 10% 吡虫啉可湿性粉剂 40 克，或 25% 吡蚜酮可湿性粉剂 10 克，或 2.5% 氯氟氰菊酯乳油 80 毫升，或 40% 氧化乐果乳油 80 毫升。②防治吸浆虫，分为孕穗期蛹期防治和成熟期成虫防治。在每样方 (10 × 10 × 20 厘米) 幼虫超过 5 头的麦田，每亩用 50% 辛硫磷乳油 200 毫升加水 5 公斤拌细土 25 公斤，于小麦孕穗期撒入麦田，随即浇水或抢在雨前施下，能受到良好效果；在小麦抽穗期 10 网复次捕到超过 10 头成虫，或拨开麦垄一眼看见 2 ~ 3 头成虫飞翔，或用黄色黏板每 10 块黏有 2 头成虫时，需要立刻进行穗期防治。在小麦抽穗 70 ~ 80% 时，用 10% 高效氯氰菊酯 1 500 ~ 2 000 倍液，每亩用药液 50 公斤，均匀喷雾，防治效果可达 90% 以上。

3. 小麦生育后期干热风的预防

干热风出现时，温度显著升高，湿度显著下降，并伴有一定风力，植株蒸腾加剧，光合强度降低，干物质积累提前结束，灌浆时期缩短，导致小麦灌浆不足，秕粒严重。预防干热风主要是喷施抗干热风的植物生长调节剂和速效叶面肥。在小麦灌浆初期和中期，向植株各喷一次 0.2% ~0.3% 的磷酸二氢钾溶液，能提高小麦植株体内磷、钾浓度，增大原生质黏性，增强植株保水力，提高小麦抗御干热风的能力。同时，可提高叶片的光合强度，促进光合产物运转，增加粒重。

第十一章 小麦机械化生产

一、机械化作业过程要求与标准有哪些？

（一）种子处理

精量播种地区，必须选用高质量的种子并进行精选处理，要求处理后的种子纯度达到99%以上，净度达98%以上，发芽率达95%以上。有条件的地区可进行等离子体或磁化处理。播种前，应针对当地各种病虫害实际发生的程度，选择相应防治药剂进行拌种或包衣处理。特别是小麦黑穗病等土传病害和地下害虫严重发生的地区，必须在播种前做好病虫害预防处理。

（二）播前整地

1. 机械化深松、深耕技术。该项技术是机械化旱作农业工程技术中的关键，可打破犁底层，增加土壤蓄水能力，减少病虫害。深耕的耕层应逐年加深，以防止形成新的犁底层，一般每次加深5～10厘米，耕深最深不宜大于30厘米，最浅不小于25厘米；深松最深可达50厘米，最浅不应小于30厘米。秸秆还田后深耕应覆盖严密，做到地表无杂草。

2. 机械镇压技术。机械镇压技术是用拖拉机牵引具有一定质量的铁制或石制的碾子，在播种前后对土壤进行碾压的技术。机械镇压可以压碎土块，压实耕作层土壤，以减少水分的蒸发，起到蓄水保墒的作用，还可促进作物生长。

（1）春镇压是指春播作物播种前后的镇压和小麦返青后的镇压。播种前气候干燥时，宜在播种前5～7天进行重镇压提墒，播种后采用轻镇压保墒促全苗。冬小麦返青后的镇压在大地解冻、麦苗返青时进行，一般采用轻镇压。

（2）机械秋镇压是指秋播作物播种前后的镇压和秸秆直接粉碎还田后的镇压。技术要求与春镇压相同。秸秆直接粉碎还田后的镇压在深耕覆盖后进行，镇压质量介于轻镇压和重镇压之间。

（3）机械冬镇压指对越冬农作物的镇压。冬镇压可以损伤一部分生长过快的麦苗茎秆，降低地力消耗，增强抗寒能力，一般镇压时间为入冬以后，镇压质量为轻镇压。

3. 机械化秸秆直接粉碎还田技术。机械化秸秆直接粉碎还田技术是用秸秆还田机械将农作物秸秆直接粉碎并均匀地抛撒于地表，再用深耕犁进行深耕覆盖，使秸秆腐化，以改良土壤的一种技术。还田时，要增施速效氮肥，以加速秸秆腐烂的速度和防止土壤缺氮。

（三）播种

适时播种是保证出苗整齐度的重要措施，当地温在 8 ~ 12℃，土壤含水量 16% 左右时，即可进行播种。合理的种植密度是提高单位面积产量的主要因素之一，各地应按照当地的小麦品种特性，选定合适的播量，保证亩株数符合农艺要求。应尽量采用机械化精量播种技术。

二、耕地机械有哪些？

耕地是大田农业生产中最基本也是最重要的工作环节之一。其目的就是在传统的农业耕作生产制度中通过深耕和翻扣土壤，把作物残茬、病虫害以及遭到破坏的表土层深翻，而使得到长时间恢复的低层土壤翻到地表，以利于消灭杂草和病虫害，改善作物的生长环境。

（一）铧式犁

铧式犁应用历史最长，技术最为成熟，作业范围最广，包括犁架、主犁体、耕深调节装置、支撑行走装置、牵引悬挂装置等，主犁体为铧式犁的核心工作部件。铧式犁通过犁体曲面对土壤的切削、碎土和翻扣，实现耕地作业。

根据农业生产的不同要求、自然条件变化、动力配备情况等，铧式犁在形式上又派生出一些具有现代特征的新型犁：双向犁、栅条犁、调幅犁、滚子犁、高速犁等。

（二）圆盘犁

圆盘犁是以球面圆盘作为工作部件的耕作机械，它依靠其重量强制入土，入土性能比铧式犁差，土壤摩擦力小，切断杂草能力强，可适用于开荒、黏重土壤作业，但翻垡及覆盖能力较弱。

（三）凿形犁

又称深松犁。工作部件为一凿齿形深松铲，安装在机架后横梁上，凿形齿在土壤中利用挤压力破碎土壤，深松犁底层，没有翻垡能力。

（四）深松机械

针对我国土壤有机质含量低、耕层浅、犁底层厚硬、土壤理化性状差等问题和广大农村地区不大可能购买大型拖拉机的现实问题，研发了与中型拖拉机相配套的"振动式"深松机械，通过振动实现土壤二维切割，降低牵引阻力；"抖动式"深松机，是深松铲在阻力作用下不停抖动，实现土壤断续切割，降低牵引阻力；条带深旋机，仅对播种条带进行局部旋耕，减少动土量，降低动力消耗。与非振动深松作业相比，"振动式"深松机的牵引阻力降低 13% ~ 18%，苗期深松结合施肥作业进行，一次性地完成两项作业。

机械深松的特点：一是不打乱土层，对地表覆盖面破坏最小，能保护土壤水分；二是间隔作业创造了虚实并存的土壤耕层结构，有利于作物根系生长发育；三是深松犁阻力小，减少动能消耗。

三、整地机械有哪些？

整地后土垡间有很大的空间，土块较大、地表不平，尚不能进行播种作业，须进行松碎平整作业，以达到地表平整、上松下实的农作物生产要求。这项工作一般由整地机械来完成。整地机械的种类很多，根据不同作业的需要有以下几种类型：钉齿耙、圆盘耙、悬耕机、滚乳耙、镇压器等。其中，钉齿耙目前多用于畜力和小型动力机械作业，圆盘耙和悬耕机则大型动力机械应用较多。

（一）圆盘耙

圆盘耙始用于 20 世纪 40 年代，是替代钉齿耙的主要机具之一。目前，国内外已广泛采用，耙地机组在牵引动力的作用下，圆盘耙片受重力和土壤反力的作用边滚动边切入土壤并达到预定耙深，由于耙片偏角的作用，耙组同时完成了切割土壤，切断杂草和翻扣的工作。主要特点是，被动旋转，断草能力较强，具有一定的切土、碎土和翻土功能，功率消耗少，作业效率高，既可在已耕地作业又可在未耕地作业，工作适应性较强。

（二）旋耕机

旋耕机应用的历史较短，用途不一，有些国家和地区作为耕地机械使用，有的用作整地机械，大多用于耕后松碎土壤和整平地表；近几年，黄淮海地区于秋收后直接用旋耕机耕地整地，耕层虽浅，但地平土碎，方便快捷。旋耕机主要由机架、传动装置、刀辊、挡土罩、平地拖板等组成。旋耕机刀片在动力的驱动下一边旋转，一边随机组直线前进，在旋转中切入土壤，并将切下的土块向后抛掷，与挡土板撞击后进一步破碎并落向地表，然后被拖板拖平。旋耕机作业时，拖拉机的动力以扭矩的形式直接作用于工作部件，不需要很大的牵引力，避免了拖拉机由于受附着力的限制，功率不能充分利用的问题。按其工作部件的运动方式可分为水平横轴式、立轴式等几种。

四、播种机械有哪些？

播种机主要完成开沟、播种、施肥、覆土、镇压等工序。播种机工作时，开沟器开出种沟，种子箱内的种子被排种器连续均匀地排出，通过输种管均匀地分布到种沟内，然后由覆土器覆土，再由镇压装置进行镇压。

（一）小麦常量播种机械

是目前国内使用最广泛的一种小麦播种机械。通常使用小槽轮排种器，播种麦类作物排种均匀性较好，适于播量较大的小麦播种。这种系列的播种机有 5、6、7、8、9、11、12、14、16 行等多种产品机械，可与拖拉机配套使用，与拖拉机的挂结方式有牵引式、悬挂式、半悬挂式 3 种。

（二）小麦精密播种机

主要有 2BJM 型锥盘式系列，包括 3、6、9、12 行系列产品，3 行播种机由人畜力牵引，6～12 行由拖拉机牵引。该机主要有主梁、平行四连杆机构、驱动仿形轮、箭铲式开沟器、机架、排种器、镇压轮及链条传动部分组成。锥盘式精密排种器排种准确、精密，一器 3 行，结构简化，效率提高，即可实现亩播量 3～6 公斤的单粒精播，也可实现 7～12 公斤的精密点条播，播种均匀，苗齐苗壮。机引播种机采用单梁结构和一组 3 行的播种单体，变形简变，仿形准确。箭铲式开沟器结构精巧，开沟工艺好，湿土直接覆盖种子，出苗早，出苗齐。采用链条齿轮传动，平稳可靠，改变速比和播量简便。

采用的种子要精选分级，种子分蘖能力强、单株产量高。播前整地要精细，深耕细耙，耙透耙实，上松下实，无明暗坷垃。

对于秸秆还田地或整地不精细的地块适应性差，且不能随施种肥。近几年，随着秸秆还田面积增加，整地质量逐渐下降，社会保有量逐渐减少。

主要性能指标：2BJM－3－Ⅰ型：重量：35公斤；行数：3行；行距：20～30厘米；作业幅宽：0.6～0.9米；播种深度：3～5厘米；种箱容积：15公斤小麦；播种量：3～6公斤/亩（小孔盘），7～12公斤/亩（大孔盘）；配套动力：人畜力；生产率：20～30亩/天。

2BJM－6－Ⅱ型：重量：140公斤；行数：6行；行距：20～25厘米；作业幅宽：1.2～1.5米；播种深度：3～5厘米；种箱容积：30公斤小麦；播种量：3～6公斤/亩（小孔盘），7～12公斤/亩（大孔盘）；配套动力：12～15马力小拖；作业速度：60～70亩/天。

2BJM－9－Ⅲ型：重量：170公斤；行数：9行；行距：20～25厘米；作业幅宽：1.8～2.25米；播种深度：3～5厘米；种箱容积：45公斤小麦；播种量：3～6公斤/亩（小孔盘），7～12公斤/亩（大孔盘）；配套动力：18～25马力小拖；作业速度：80～90亩/天。

（三）玉米小麦施肥播种两用机

2BXYF系列施肥玉米播种机有3/9、4/12两种产品。主要有机架、牵引装置、种子箱、肥料箱、地轮、传动部件、排种器、排肥器、箭铲式开沟器等部件组成。

该机小麦播种采用外槽轮式排种器，玉米播种采用窝眼轮式排种器，属于半精量播种。适用于收割小麦后，麦茬地免耕播种玉米，同时可播肥；也可在秋季已耕地中播种小麦。该机结构简单，用途广，成本低、收效高。但该机在玉米秸秆还田地应用通过性差，小麦播种质量下降。

技术参数：型号：2BXY—3/9、4/12；配套动力：15－30马力拖拉机；作物种类：小麦、玉米；播种行数：小麦 9、12 行，玉米 3、4 行；行距：小麦 20 厘米、玉米 54 厘米；播种深度：小麦 2~4 厘米，玉米 3~5 厘米；工作效率：小麦 3~5 亩/小时，玉米 2~3 亩/小时；播种量：小麦 5~30 公斤/亩，玉米 1.5~5 公斤/亩。

(四) 小麦施肥播种机

2BXF 系列小麦播种机，主要由合墒器、筑畦机构、机架、种肥箱总成、传动机构、开沟器、镇压机构及覆土机构等部分组成。当播种机工作时，种箱内种子（颗粒肥料）靠自重充满排种（肥）盒，当镇压轮转动时，通过传动机构带动排种（肥）器工作，排种（肥）轮将种子（肥料）均匀排出，经输种（肥）管落入种沟内，完成播种作业。该机一次作业可完成平地、开沟、播种、施肥、镇压、覆土、筑畦等项作业。

该机与中小马力四轮拖拉机配套，采用三点悬挂，利用液压升降，排种装置由地轮驱动，使用方便；排种器为外槽轮式，实现小麦半精量播种；轻型双圆盘开沟器可在秸秆还田的土壤中顺利开沟、施肥、播种；圆盘开沟器采用弹簧浮动机构，可有效避免因单盘受阻而整体漏播；在没有秸秆的土壤中，可更换箭铲式开沟器。该系列小麦播种机适用于平原地区条播小麦，并可同时施肥。

主要技术指标：配套动力：12~50 马力以上拖拉机；播种行数：6~12 行；基本行距：16~22 厘米；最大施肥量：15 公斤/亩（可调）；最大播种量：30 公斤/亩（可调）；播种（肥深度）：2~5 厘米。

(五) 变速旋播机

SGTNB 系列变速旋播机，是在旋耕机基础上增加了播种、施肥功能，与大马力拖拉机配套使用。该机主要由机架、牵引装置、变速箱、旋耕刀轴总成、种肥箱总成、排种（肥）器、宽幅播种（肥）器、镇压轮、链轮总成等部件组成。一次进地可完成灭茬、旋耕、播种、施肥、覆土、开沟、镇压等多道工序，工作效率高。

该机可当旋耕机、小麦条播机、玉米硬茬播种机使用，即能联合作业，也能单机分段作业，可播小麦、玉米、大豆等多种作物，功能多；播小麦采用 12 厘米的宽幅播种器，小麦种子分布合理、均匀，通风透光能力增强；化肥深施于种子下方或侧旁，种肥隔行分层，保证种子幼苗生长发育；采用组合弯刀进行旋耕碎土，效率高，性能好、功率节省；采用仿形限深轮，提高拖拉机液压寿命；安装不同部件，可实现小麦和玉米的免耕播种和垄播等多种状态的播种要求；刀轴转速可变，适应不同的土质和地表秸秆覆盖量，通过性强。

主要技术指标：耕幅：1.8～2.2 米；耕深：8～18 厘米；配套动力：55～90 马力拖拉机；刀片数量：60～70 把；刀轴转速：249、277、307 转/分（可变）；播深 3～8 厘米；播种行数：小麦 8～9 行，玉米 3～4 行；苗幅宽：10～12 厘米；生产率：8～20 亩/小时。

（六）小麦免耕播种机

2BMFS 系列小麦免耕播种机主要由悬挂装置、万向节、齿轮箱总成、刀轴总成、排种（肥）链传动总成、种肥箱总成、播种（肥）器、镇压轮等部件组成。该机在秸秆覆盖的土地上，一次进地，可完成破茬、开沟、施肥、播种、覆土、镇压、筑畦等作业工序，实现肥种分施，效率高，省工省时。

该机播种施肥器的施肥口在播种口的下方，置于旋转刀后，实现肥料深施和肥种分施，提高化肥利用率，避免烧种；采用防缠绕装置，减少秸秆缠绕、堵塞，机具通过性和播种质量提高；采用旋耕弯刀，将种肥沟内秸秆抛出，为种子发芽和小麦生长发育创造良好环境；采用宽苗带播种装置，实现小麦宽幅、宽垄播种技术，达到小麦宽幅密植高产目的；配置筑畦扶垄装置，实现灌区筑垄，节约灌水。

主要技术指标：工作幅宽：1.8～2.2 米；播种行数：5～7行；苗幅宽度：10～12 厘米；行距：25～30 厘米；施肥深度：8～12 厘米；播种深度：3～5 厘米；整机重量：700 公斤左右；配套动力：70～90 马力拖拉机；作业效率：60～70 亩/天。

五、田间管理机械有哪些？

（一）中耕施肥（除草）

小麦田间管理机械化作业环节主要有中耕施肥（除草）机械和植保机械。中耕是在作物生长期间进行田间管理的重要作业项目，其主要目的是及时改善土壤状况，蓄水保墒，消灭杂草，提高地温，促使有机物的分解，为农作物的生长发育创造良好的条件。

小麦追肥机械化一般与中耕除草结合在一起同时进行。由于小麦生长期较长，基肥往往不能满足全生长期的需要，在小麦不同生育期，结合中耕适时追肥对获得高产至关重要。一般在中耕机具上加装一套施肥装置，一次完成中耕培土、施肥、覆盖镇压等工序。

1. 行间深松机。小麦行间深松机可以提高土壤蓄水、保水能力，是旱地耕作的关键技术措施，深松可打破犁底层，又不伤苗断根，不乱土层。作业时，深松铲应对准小麦行中间进行深松，一般深松机上配有镇压轮，深松同时镇压。深松后可形成上虚下实、松紧相间的土体结构，有利于蓄水排涝、透水通气，促进作物根系发育。

2. 中耕追肥机。中耕追肥机主要在苗期应用，包括土壤工作部件和追肥装置两部分。土壤工作部件是中耕追肥机在小麦行间进行表土耕作及深施化肥的工作元件，有供行间除草用的双翼式、单翼式、双翼通用式表层松土除草用的转动锄；深层松土用的凿式、双尖式、单尖式松土铲；培土起垄用的壁式、旋转式培土起垄器及施肥所需的施肥开沟器。追肥装置，主要是化肥排肥器，常用的有外槽轮式、转盘式、螺旋式、星轮式和振动式等几种。

试验表明，用机具在地表下 10 厘米左右深施化肥与地表撒施相比，可提高肥效 30% ~ 50%。国外一般的施肥机采用施液体肥，利用率更高。

（二）植保机械

1. 背负式喷雾器

以蓄电池作为能源，驱动微型电机带动离心泵加压，使药液通过管子、喷杆、喷头均匀喷雾。操作简单，使用方便快捷，压力大，雾化好，喷雾均匀，使用成本低，充电一次只须 4 ~ 6 小时、可连续工作 5 ~ 8 小时，成本只须 8 分钱，提高工作效率 2 ~ 3 倍，使用时只须轻轻按下电源开关就可达到理想效果。主要技术参数：整机重量 6.5 公斤。

2. 背负式机动弥雾喷粉机

以汽油机为动力，采用高压离心式风机，由发动机曲轴直接驱动风机轴转动。风机产生的高压气流，经风机出口流向喷管，药液在风压作用下通过粉门、出水塞接头、输液管、开关到达喷嘴，并经气流运载吹向作物。

3. 喷射式机动喷雾机械

主要是利用由电机或内燃机驱动的高压泵通过喷头将药液进行雾化作业。由动力机、喷枪、调压阀、压力表、空气室、流量控制阀、滤网、液泵、混药器等组成。

4. 喷杆式机动喷雾机械

自走式旱田作物喷杆喷雾机可实现旱田作物全过程施药的植保机械，广泛应用于小麦、棉花、大豆、花生等作物。其机械参数如下：整机动力为四冲程柴油机，药箱容积 280 升，液泵流量 60 升/分钟，喷杆五段，高度 50~150 厘米，喷幅 6 米，防治效率为 300 亩/天。

5. 风送式高效远程喷雾机

主要有药箱、取力器、压力泵、管路系统、流量控制阀、轴流风机、环状喷头分配管、喷头、机架和传动装置组成。机械参数如下：配套动力，70 马力以上拖拉机；药箱容积 800 升，水平射程 40 米，垂直射程 30 米，工作效率 260~500 亩/小时；采用回水搅拌方式。特点是喷射口 90~180 度上下左右摆动，广泛用于大面积的农作物病虫害的集中防治。

6. 喷烟机械

喷烟机是利用高温气流、高压气流或高压将药液气化成直径小于 50 微米固体或胶态悬浮体。烟雾的形成分为热雾、冷雾和常温烟雾 3 种类型。

7. 航空喷雾机

属于超低容量施药技术，每亩施药仅需 300~500 毫升（含对水量），卫星定位，机器飞行高度可贴近农作物 0.5~2 米喷药，加上旋翼向下产生的巨大气流直接将药液压迫作用于作物叶片正反面及茎基部，雾流上下穿透力强，飘移少，雾滴细匀，防治效果更好。每天工作 8 小时可喷洒农药面积 200~300 亩，相当于 20 到 80 个人的工效。可提高农药利用率 30% 以上，省水节药，环保安全。

六、收获机械有哪些？

主要有以下 3 类。

一是收割机械，主要有割晒机。就是用割晒机把麦子割倒，然后用人工打捆、搬运、晾晒。

二是脱粒机。晾晒后的麦子用脱粒机脱粒，用筛子和扬场机进行精选。这种工艺，机械化水平低，作业进度慢，损失比较大。

三是联合收割机。联合收割机是在小麦黄熟中期和黄熟末期，一次完成收割、脱粒、谷粒精选、自动卸粮或装袋等工序。这种工艺，作业进度快、粮食损失小，最小损失可控制在 2% 以下。适用于地域辽阔、平坦的平原地区。联合收割机作业机械化程度高，可以大幅度地提高劳动生产率，减轻劳动强度，减少收获损失，因此得到快速发展和普遍使用。目前，在国内联合收割机已成为主要的作业形式。

七、小麦秸秆还田注意事项有哪些？

推广全年秸秆还田技术，对于持续培肥土壤，稳步提高产量有着十分重要的作用。

（1）小麦收获后及时粉碎秸秆。实践表明秸秆含水量高易打碎，粉碎效果较好，反之粉碎效果就较差。

（2）小麦秸秆粉碎后要均匀覆盖地表，若采用免耕播种，最好选用带有秸秆粉碎和抛撒装置的联合收割机，要求留茬高度 10 厘米以下。秸秆粉碎长度 2～3 厘米，粉碎越短越好、越细越好，还应当抛撒均匀，有条件还是提倡旋耕或耙地灭茬，一般横竖交叉旋耙 2 次最好。

（3）提倡推广使用秸秆腐熟剂，加速还田秸秆腐解速度，增加养分提供能力。

主要参考文献

1. 农业部小麦专家指导组. 全国小麦高产创建技术读本. 北京：中国农业出版社，2012.

2. 王迪轩，曹涤环. 小麦优质高产问答. 北京：化学工业出版社，2012.

3. 郭天财，朱云集，等. 小麦栽培关键技术问答. 北京：中国农业出版社，1998.

4. 曹雯梅，张中海. 现代小麦生产实用技术于振文. 北京：中国农业科学技术出版社，2011.

5. 刘建. 优质小麦高产高效栽培技术. 北京：中国农业科学技术出版社，2010.